费朝奇藏品之

古茶和茶器

费朝奇　费晓洁 ◎ 编著

中国林业出版社

图书在版编目（CIP）数据

费朝奇藏品之古茶和茶器 / 费朝奇，费晓洁编著. -- 北京：中国林业出版社，2020.12
ISBN 978-7-5219-0736-0

Ⅰ.①费…　Ⅱ.①费…②费…　①茶叶—收藏—中国—图集②茶具—收藏—中国—图集
Ⅳ.①TS272.5-64②G262.7-64

中国版本图书馆CIP数据核字（2020）第250657号

策　　划：纪　亮
责任编辑：李　顺　陈　慧
电　　话：010-83143569

出　　版：中国林业出版社（100009　北京市西城区德内大街刘海胡同7号）
网　　站：http://www.forestry.gov.cn/lycb.html
印　　刷：北京雅昌艺术印刷有限公司
发　　行：中国林业出版社
电　　话：（010）83143500
版　　次：2020年12月第1版
印　　次：2020年12月第1次印刷
开　　本：889mm×1194mm　1/16
印　　张：28.5
字　　数：200千字
定　　价：680.00元

《费朝奇藏品之古茶和茶器》

編纂委員會

编　著：费朝奇　费晓洁

编　委：石　欣　王新迪　田　辉　尹丰文

摄　影：陈建伟　孟得贺

"可以喝的古董"。

"器为茶之父"。随着饮茶的普及，饮茶器具也历经了各朝各代的发展与演变，经历了从无到有、从单一到多样、从简单到复杂、从粗糙到精致的过程，其种类繁多、造型优美，除实用价值外，更具颇高的艺术价值，为历代文人骚客所青睐。千年来，精美雅致的各种材质的茶器，蕴含文人之灵气，一代又一代，传承于茶人之手，他们已从单纯的物质器具，繁衍而成一种精神文化的象征，成为中国传统文化的重要组成部分。

茶文化作为中国传统文化的代表与结晶，茶器和茶器作为茶文化的物质体现，对人类的生活审美以及人类社会的文明与进步产生了巨大的影响。为了赞美茶叶在世界经济和社会文化等方面所贡献的价值，2019年11月27日，第74届联合国大会宣布将每年5月21日设为"国际茶日"。

因为对中国传统文化，尤其是茶文化的十分热爱，在这几十年锲而不舍的收藏历程中，笔者收藏了大量百年以上各类古茶和茶器，仅古茶就有三四十吨之多，古代茶器在五千件以上，可谓门类齐全、品种丰富、藏品珍罕。在此，特意挑选一些较有观赏和实际价值的古茶和茶器藏品，以图录形式收录编辑于本书中，聊以慰藉对中国传统茶文化的一腔浓烈情怀。本书藏品主要有广储司茶库、乔记茶庄、福元昌茶号、庆春堂商号、庆林春茶庄、大德玉茶庄、亿兆丰、洪聚昌、同生号、积善堂、厚丰堂、福祥源、万祥恒、公和兴、龙兴号等收存的各类古茶以及明朝至今的猪膀胱、羊皮、竹笼、漆器、木器等各类包装普洱茶、岩茶、老陈皮、老白茶等，还有明朝至今的各类材质、器型的茶罐、茶壶、茶杯、茶碗、茶托盘等等，很多茶器出自名家之手，为其经典之作。

感谢本书的图片拍摄者和图片整理者，以及中国林业出版社的帮助，在此，向他们一并致以诚挚的敬意和感谢。

前言

中国是世界上文明发源最早的国家之一，也是世界文明发展进程中唯一没有中断过的国家，在人类发展漫长的历史长河中，创造了光辉灿烂的文化。尽管这些文化遗产经历了难以计数的天灾和人祸，历尽了人世间的沧海桑田，但仍旧遗留下来无数的古玩珍品。这些珍品都是我国古人勤劳智慧的结晶，是中华民族的无价之宝，是中华民族高度文明的历史见证，更是中华民族五千年文明的承载。

笔者从小喜爱中国传统文化，十二岁以前阅读了大量中外名著，20世纪70年代中期开始涉足收藏。几十年来，靠着坚持艺术性、稀缺性、价值性、观赏性的收藏原则，走高端艺术品收藏之路；坚持以学习研究为主，走智慧和知识收藏之路；坚持研究高端艺术品在全国的地域和人群分布规律，走收藏没落的收藏世家藏品之路；在藏家与商家的选择上，走藏家收藏之路；坚持藏品回归社会，走公益收藏之路；坚持不借钱、不欠钱、不贷款，走轻松愉快收藏之路。从古今名人字画入手，逐步拓展到古代陶瓷、青铜、玉石珠宝、金银器、乐器、文房雅器、玺印、牌匾，以及古茶茶器、古酒酒器、明清家具等六十余个古代艺术品系列，累计藏品二十五万余件。

"柴米油盐酱醋茶"。从《茶经》问世，陆羽规范了茶道技术标准并确立了中国茶道精神以来，饮茶就已经十分普及，上到皇宫，下及街巷，外至边境各民族部落，茶成为人们生活中、精神上不可或缺的日用品和必需品。陈师道在《茶经序》里这样写道："上自宫省，下迨邑里，外及戎夷蛮狄，宾祀燕享，预陈于前。山泽以成市，商贾以起家，又有功于人者也。"中华大地多名茶，茶叶生产历史悠久，产茶区广布大江南北，各色茶类品种，犹如春天的百花园，万紫千红，竞相争艳，中国许多名茶皆是茶中珍品，名扬海外。更有部分茶类，经过长时间恰当的贮存，可以促进其品质转化，使之呈现独有的陈香，滋味更加的醇和、汤色更加的明亮，被誉为

【目錄】

一

古茶

广储司茶库

广储司茶库是内务府广储司所属六库之一，主管收储人参、茶叶、香纸、绒线、丝缨、颜料等物。康熙二十八年十二月（1690 年初）设置，在太和殿东体仁阁及中右门外西配房内。库内职官时有增裁，到乾隆三十三年十二月（1769 年年初）基本定制。设员外郎三员（内二员由内务府人员补放，一员由兵部保送兼摄），司库、副司库各二员，库使十三名，专司管理茶库事务。

"大明成化年制"斗彩罐装
"广储司茶库"收存茶
高 16.5*

---

*：本书中所涉及古茶和茶器尺寸单位均为：厘米（cm）

"大明成化年制"斗彩罐装
"广储司茶库"收存茶
高 16

"大明成化年制"斗彩罐装
"广储司茶库"收存茶
高 16.5

"大明成化年制"斗彩龙纹罐装
"广储司茶库"收存茶
高 16

"大明成化年制"斗彩龙纹罐装
"广储司茶库"收存茶
高 16

"大明成化年制"斗彩人物纹罐装
"广储司茶库"收存茶
高 16.5

"大明成化年制"斗彩人物纹罐装
"广储司茶库"收存茶
高 16.5

"大明成化年制"青花罐装
"广储司茶库"收存茶

高 16

"大明成化年制"青花罐装
"广储司茶库"收存茶

高 16.5

"大明成化年制"青花罐装
"广储司茶库"收存茶

高 16.5

"大明成化年制"青花罐装
"广储司茶库"收存茶

高 16

"大清康熙年制"青花罐装
"广储司茶库"收存茶
高35

青花人物纹梅瓶装
"广储司茶库" 收存茶
高 40.5

青花人物纹梅瓶装
"广储司茶库"收存茶
高 50

青花人物纹梅瓶装
"广储司茶库"收存茶
高 50

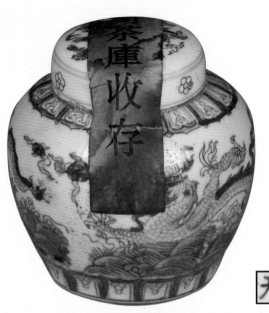

"天"字款斗彩龙纹罐装
"广储司茶库"收存茶
高 13 直径 13

"天"字款斗彩龙纹罐装
"广储司茶库"收存茶
高 13 直径 13

"天"字款斗彩花草纹罐装
"广储司茶库"收存茶
高 13 直径 13

"天"字款斗彩花草纹罐装
"广储司茶库"收存茶
高 14

"天"字款斗彩花鸟纹罐装

"广储司茶库"收存茶

高 14

"天"字款斗彩动物纹罐装

"广储司茶库"收存茶

高 14

"天"字款斗彩龙纹罐装

"广储司茶库"收存茶

高 14

"天"字款斗彩龙纹罐装

"广储司茶库"收存茶

高 13

"天"字款青花罐装
"广储司茶库"收存茶
高 14

"天"字款青花罐装
"广储司茶库"收存茶
高 14

"天"字款青花罐装
"广储司茶库"收存茶
高 14

乔记茶庄

乔记茶庄开设在山西祁县乔家堡，乔家是晋商茶票号的杰出代表，乔家是晋商在恰克图贸易的主力，其茶票号活跃于全国各大商埠，主要集中在北方的包头、张家口、大同、天津、西安、哈尔滨、沈阳、碛口等，流动资金巨大，而且与各大茶商有着良好的合作关系。

为了满足不同阶层对茶品的需求，自办木器厂，制作不同形制和档次的木制品，用于满足皇家、官家、牧区、市井之需，特别是供于皇家的茶叶包装材料富丽堂皇，精美至极，令人震撼。

羊皮包装
"乔记珍品"普洱茶
长 40 宽 29 高 50

羊皮包装
"乔记珍品"竹笼茶
长 31 宽 20 高 62

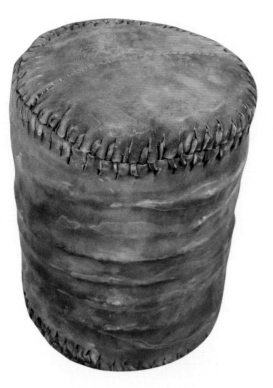

羊皮包装
"乔记珍品"茶柱
高 27

羊皮包装
"乔记珍品"茶柱
直径 19

羊皮包装
"乔记珍品"伏虎罗汉茶
长 28 宽 20.5 高 35

羊皮包装
"乔记珍品"伏虎罗汉茶
长 28 宽 20.5 高 35

羊皮包装
"庆春堂""乔记珍品"茶柱
长 61 直径 10

羊皮竹编装
"庆春堂""乔记珍品"圆柱茶
长 150 直径 20

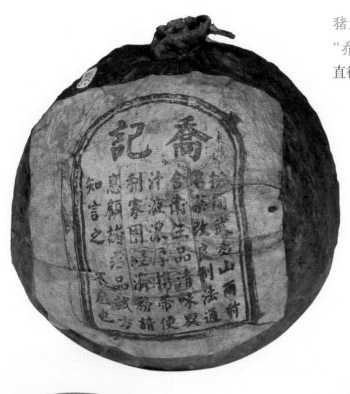

猪脬装
"乔记"球形武夷山茶
直径 10

彩绘人物纹漆缸装
"乔府记"普洱生茶
高 70

彩绘龙纹漆缸装
"乔府记"普洱生茶
高 70

福元昌

福元昌又称元昌号和宋云号，同创于光绪初年，均在倚邦和易武两大茶山设立制茶厂，倚邦和易武曾演绎出了清代普洱茶最为辉煌的篇章。其中元昌号设于易武的茶厂名为福元昌，专门采用有别于倚邦小叶种的易武大叶种普洱茶叶，制造精选茶品，售国内及海外市场，光绪年末地方治安问题恶化，加之疾病流行，两大茶山关门歇业，且不复开张。唯易武福元昌号于1921年左右重新复业，生产普洱园茶，直到20世纪40年代。

"民国三十二年"蓝釉瓶装
"福元昌易武正山"普洱茶
高 19

"民国三十二年"黄釉罐装
"福元昌易武正山"普洱茶
高 20

"民国三十二年"白釉罐装
"福元昌易武正山"普洱茶
高 18

"民国三十二年"粉釉罐装
"福元昌易武正山"普洱茶
高 18

"民国三十二年"蓝釉罐装
"福元昌易武正山"普洱茶
高 18

庆春堂

阎锡山父亲叫阎书堂，乳名长春，堂名庆春堂。阎锡山在崛起之后，随着其私人经济实力的迅速扩张，各种铺号、商号也像雨后春笋般地出现在三晋大地。其与商号往来，以及出资时，均以庆春堂或庆山堂出面。经营范围广泛，象绸缎、布匹、茶叶、杂货等，也出钱帖子，经营高利贷。

"庆春堂"茶饼
直径 37 重 2957g

木盒装"庆春堂"普洱茶

长 24.5 宽 14 高 8

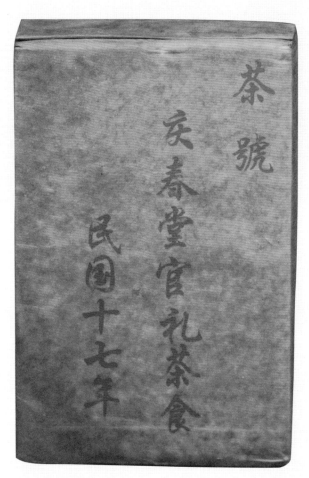

"庆春堂"纸包茶砖

长 23.5 宽 14.5 高 4.5

"庆春堂"茶砖

长 13.5 宽 8.5 重 240g

庆林春

庆林春茶庄创建于民国十六年（公元一九二七年），坐落在前门大街五牌楼西侧，是福建人林子丹先生创建的茶庄专营店。早年以经营入口芳香的福建茉莉花茶（特别是茉莉高碎及茉莉小叶花茶）而闻名京城。庆林春茶庄先后跨越了国民革命时期、抗日时期、解放时期、社会主义改革和社会主义建设时期，从家族式的技艺传承，到一九五六年公私合营后，传承方式演变成师傅带徒弟。

铁罐装
"庆林春茶庄"普洱茶
高 17

亿兆丰

億兆豐號

滿漢茶食

嘉湖絲點

貨真價實

童叟無欺

大清康熙年製

"大清康熙年制"黄釉龙纹罐装

"亿兆丰"号茶

高 33

"大清康熙年制" 绿釉花果纹罐装

"亿兆丰" 号茶

高 36

"大清乾隆年制"斗彩罐装

"亿兆丰"号普洱茶

高32

"大清乾隆年制"斗彩罐装
"亿兆丰"号普洱茶
高 38.5

"大清乾隆年制"斗彩罐装
"亿兆丰"号普洱茶
高 38.5

"乾隆年制"牡丹纹罐装
"亿兆丰"号茶
高 22.5

"乾隆年制"粉彩九桃图罐装
"亿兆丰"号茶
高 30

"玉堂佳器" 粉红釉罐装
"亿兆丰" 号茶
高 27

黄釉茶叶罐装
"亿兆丰" 号茶
高 27

青花缠枝纹"喜"字纹冬瓜罐装
"亿兆丰"号茶
高 37

青花菱形罐装
"亿兆丰"号茶
高 30

青花缠枝莲纹罐装
"亿兆丰"号普洱茶
高 21

青花人物纹罐装
"亿兆丰"号茶
高 24

青花人物纹罐装
"亿兆丰"号茶
高 24

青花"双喜"冬瓜罐装
"亿兆丰"号普洱茶
高49

青花缠枝"喜字"将军罐装
"亿兆丰"号茶
高 51.5

"乾隆年制"木胎漆绘六方罐装
"亿兆丰"号茶
高 27

"乾隆年制"木胎漆绘方梅瓶装
"亿兆丰"号茶
高 36

嵌螺钿花鸟纹木盒装
"亿兆丰"号茶
长 28 宽 15.5 高 8.5

黑漆描金漆盒装
"亿兆丰"号茶
长 28 宽 21 高 15

黑漆描金木盒装
"亿兆丰"号茶
长 25 高 14

黑漆描金木盒装
"亿兆丰"号茶
长 25 高 14

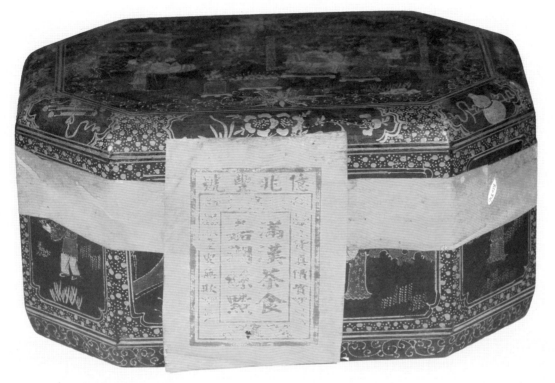

黑漆描金木盒装
"亿兆丰"号茶
长 29 宽 21 高 13

黑漆描金木盒装
"亿兆丰"号茶
长 29 宽 21 高 13

黑漆描金木盒装
"亿兆丰"号茶
长 29 宽 21 高 13

黑漆描金木盒装
"亿兆丰"号茶
长 29 宽 21 高 13

黑漆描金木盒装
"亿兆丰"号茶
长 29 宽 21 高 13

黑漆描金木盒装
"亿兆丰"号茶
长 25 宽 25 高 13

黑漆描金木盒装
"亿兆丰"号茶
长 28 宽 20.5 高 13

黑漆描金木盒装
"亿兆丰"号茶
长 35 宽 35 高 15

黑漆描金木盒装
"亿兆丰"号茶
长 35 宽 35 高 15

黑漆描金桃形木盒装
"亿兆丰"号茶
高 14

黄漆彩绘六角人物纹木盒装
"亿兆丰"号茶
高 12

黄漆彩绘龙纹木盒装
"亿兆丰"号茶
长 22.5　宽 22.5　高 8

黄漆彩绘龙纹木盒装
"亿兆丰"号茶
长 26.5 宽 20 高 7

黄漆彩绘龙纹木盒装
"亿兆丰"号茶
长 29 宽 16 高 4.5

"大清乾隆御制"黄漆彩绘龙纹盒装
"亿兆丰"号茶
长 31 宽 21.5 高 8

"大清乾隆御制"黄漆彩绘龙纹盒装
"亿兆丰"号茶
长 27.5 宽 19 高 7.5

"大清乾隆御制"黄漆彩绘龙纹盒装
"亿兆丰"号茶
长 20 宽 20 高 11

"大清乾隆御制"黄漆彩绘龙纹盒装
"亿兆丰"号茶
长 24.5 宽 24.5 高 8.5

"大清乾隆御制"黄漆彩绘盒装
"亿兆丰"号茶
高 7 直径 24

"康熙年制"紫砂罐装
"亿兆丰"号茶
高 18

"康熙年制"紫砂罐装
"亿兆丰"号茶
高 19.5

“光绪年制”紫砂罐装
“亿兆丰”号茶
高 14.5 直径 13

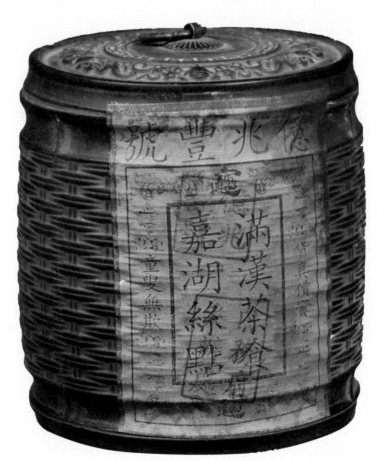

“光绪年制”紫砂罐装
“亿兆丰”号茶
高 14.5 直径 13

"光绪年制" 紫砂罐装
"亿兆丰" 号茶
高 14.5 直径 13

"光绪年制" 紫砂罐装
"亿兆丰" 号茶
高 17 直径 16.5

"光绪年制"紫砂罐装
"亿兆丰"号茶
高 15.5 直径 16

"福贵平安"紫砂罐装
"亿兆丰"号茶
高 17

羊皮装
"亿兆丰"号茶砖
长 24 宽 13

羊皮装
"亿兆丰"号茶饼
直径 19

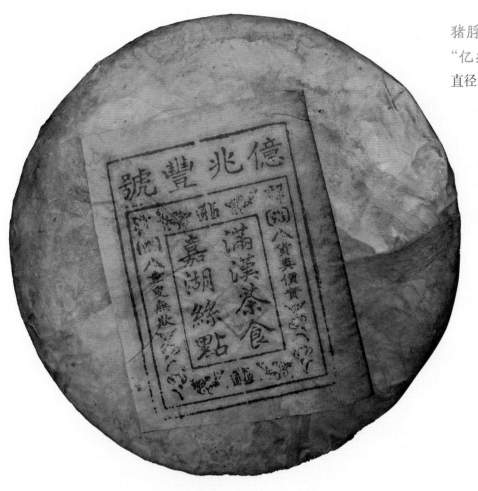

猪脬装
"亿兆丰"号茶饼
直径 19

猪脬装
"亿兆丰"号茶砖
长 23 宽 12.5 高 4

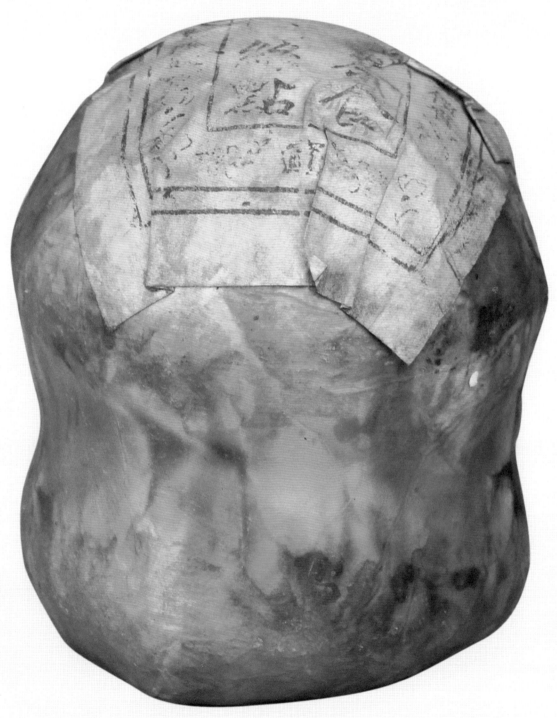

猪脬装
"亿兆丰"号茶
高 12

竹编装
"亿兆丰"号茶饼
直径 21

竹笼装
"亿兆丰"号茶
长 25

"大清乾隆御制"黄漆彩绘龙纹盒装

"洪聚昌"号茶

长 26.5 宽 18 高 8.5

"大清乾隆御制"黄漆彩绘扇形盒装

"洪聚昌"号茶

长 31.5 宽 16 高 7

黄漆彩绘龙纹木盒装
"洪聚昌"号茶
长 21.5 宽 21.5 高 7

黄漆彩绘人物纹六角木盒装
"洪聚昌"号茶
长 25.5 宽 22.5 高 7

木盒装
"洪聚昌"号茶
长 25 宽 10.5 高 7

乔府记木盒装
"洪聚昌"号茶
长 24.5 宽 12 高 6

"光绪年制"紫砂罐装
"洪聚昌"号茶
高 15

紫砂罐装
"洪聚昌"号茶
高 15

"乾隆御制"黄漆彩绘二龙戏珠纹盒装

"同生"号茶

长 22.5 宽 22.5 高 8

"大清乾隆御制"黄漆彩绘二龙戏珠纹盒装

"同生"号茶

长 30.5 宽 19 高 9

"乾隆年制"朱漆描金双龙捧寿纹盒装

"同生"号茶

长 30 宽 28.5 高 8.5

"大清同治年制"粉彩盖罐装
"同生"号普洱茶
高 15

"大清同治年制"粉彩盖罐装
"同生"号普洱茶
高 15

"大清同治年制"粉彩盖罐装
"同生"号普洱茶
高 15

"大清同治年制"粉彩盖罐装
"同生"号普洱茶
高 15

积善堂

木盒装 "积善堂" 茶
长 24.5 宽 12.5 高 6

木盒装 "积善堂" 茶
长 25 宽 11 高 6

纸皮竹笼装
"积善堂"茶柱
高 150

纸皮竹笼装
"积善堂"茶柱
高 150

纸皮竹笼装
"积善堂"茶柱
高 150

"厚丰堂"茶饼

直径 36

福祥源

竹编装
"福祥源"号茶饼
直径 22

万祥恒

"万祥恒"茶号
大清国内务府定制普洱茶
高 17

"万祥恒"茶号
国民党内部特供陈年普洱茶
高 17

公和兴

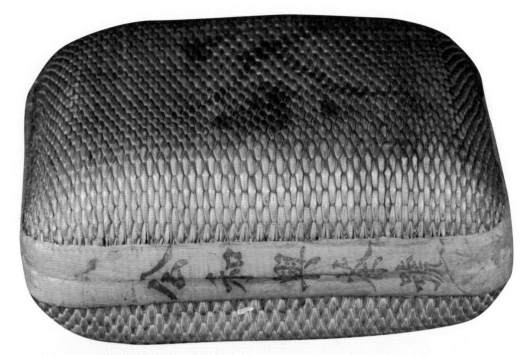

柳编包装
"公和兴" 茶号茶
长 36 宽 30 高 18

芦席圆盒装
"公和兴" 茶号茶
直径 26

普洱茶

"雍正年制"花鸟纹六棱罐装
"云南普洱茶"
高 38

云南普洱茶

"大清康熙年制"绿釉龙凤纹六棱盖罐装

"云南普洱茶"

高 43

"大清康熙年制"黑地麒麟纹将军罐装
"云南普洱茶"

高 42

"大清康熙年制"黑地麒麟纹将军罐装
"云南普洱茶"

高 42

"大清康熙年制"黄地龙凤纹将军罐装
"云南普洱茶"

高 50

"大清康熙年制"黄地龙凤纹将军罐装
"云南普洱茶"

高 50

"大清康熙年制"黄地瑞兽纹将军罐装
"云南普洱茶"
高 42

"大清康熙年制"黄地瑞兽纹将军罐装
"云南普洱茶"
高 42

"大清康熙年制"开光人物纹将军罐装
"云南普洱茶"
高 42

"大清康熙年制"开光人物纹将军罐装
"云南普洱茶"
高 42

"大清康熙年制"兰地花鸟纹将军罐装
"云南普洱茶"
高44

"大清康熙年制"兰地花鸟纹将军罐装
"云南普洱茶"
高44

"大清康熙年制"黄地龙纹盖罐装
"云南普洱茶"
高 35

"大清康熙年制"黄地龙纹盖罐装
"云南普洱茶"
高 35

"大清康熙年制" 绿地龙凤纹将军罐装
"云南普洱茶"
高 48

"大清康熙年制" 绿地龙凤纹将军罐装
"云南普洱茶"
高 48

"大清康熙年制"绿地龙凤纹将军罐装
"云南普洱茶"
高 48

"大清康熙年制"绿地龙凤纹将军罐装
"云南普洱茶"
高 48

"大清康熙年制"黄地人物纹将军罐装
"云南普洱茶"
高 42

"大清康熙年制"黄地人物纹将军罐装
"云南普洱茶"
高 42

"大清康熙年制"黄地矾红龙纹将军罐装
"云南普洱茶"

高 41

"大清康熙年制"黄地矾红龙纹将军罐装
"云南普洱茶"

高 41

"雍正年制"万紫千红将军罐装
"云南普洱茶"
高 42

"雍正年制"万紫千红将军罐装
"云南普洱茶"
高 42

"雍正年制"万紫千红将军罐装
"云南普洱茶"

"雍正年制" 白釉粉彩罐装
普洱茶
高 12.5

"雍正年制" 白釉粉彩罐装
普洱茶
高 12.5

"雍正年制" 白釉粉彩罐装
普洱茶
高 12.5

"雍正年制" 黄釉粉彩罐装
普洱茶
高 15

"雍正年制"黄釉粉彩罐装
普洱茶

高 15

"雍正年制"黄釉粉彩罐装
普洱茶

高 15

"雍正年制"黄釉粉彩罐装
普洱茶

高 15

"雍正年制"黄釉粉彩罐装
普洱茶

高 15

"乾隆年制"黄釉粉彩罐装
普洱茶
高 15

"乾隆年制"黄釉粉彩罐装
普洱茶
高 15

"乾隆年制"黄釉粉彩罐装
普洱茶
高 15

"乾隆年制"黄釉粉彩罐装
普洱茶
高 15

"乾隆年制"黄釉粉彩罐装
普洱茶
高 15

"乾隆年制"黄釉粉彩罐装
普洱茶
高 15

"乾隆年制"黄釉粉彩罐装
普洱茶
高 15

"乾隆年制"黄釉粉彩罐装
普洱茶
高 15

"雍正年制"粉彩罐装
普洱茶
高 10

"雍正年制"粉彩罐装
普洱茶
高 10

"雍正年制"粉彩罐装
普洱茶
高 10

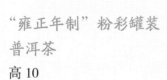

"雍正年制"粉彩罐装
普洱茶
高 10

"雍正年制"粉彩罐装
普洱茶
高 10

"乾隆年制"粉彩罐装
普洱茶
高 9

"雍正年制"粉彩罐装
普洱茶
高 11

"雍正年制"粉彩罐装
普洱茶
高 13

"雍正年制"粉彩罐装
普洱茶
高 12.5

"雍正年制"粉彩罐装
普洱茶
高 12.5

"雍正年制"粉彩罐装
普洱茶
高 13

"雍正年制"粉彩罐装
普洱茶
高 13

"雍正年制"粉彩罐装
普洱茶
高 11

"雍正年制"粉彩罐装
普洱茶
高 11

"雍正年制"粉彩罐装
普洱茶
高 11

"雍正年制"粉彩罐装
普洱茶
高 11

"雍正年制"粉彩罐装
普洱茶
高 11

"雍正年制"粉彩罐装
普洱茶
高 11

"雍正年制"粉彩罐装
普洱茶
高 13.5

"雍正年制"粉彩罐装
普洱茶
高 13.5

"雍正年制" 粉彩罐装
普洱茶
高 14.5

"雍正年制" 粉彩罐装
普洱茶
高 14.5

"雍正年制" 粉彩罐装
普洱茶
高 14.5

"雍正年制" 粉彩罐装
普洱茶
高 14.5

"乾隆年制"粉彩罐装
普洱茶
高 16

"乾隆年制"粉彩罐装
普洱茶
高 16

"雍正年制"粉彩罐装
普洱茶
高 12

"雍正年制"粉彩罐装
普洱茶
高 12.5

"雍正年制" 粉彩罐装
普洱茶
高 13.5

"乾隆年制" 粉彩罐装
普洱茶
高 13

"乾隆年制" 粉彩罐装
普洱茶
高 11.5

"乾隆年制" 粉彩罐装
普洱茶
高 11.5

"大清乾隆年制"
紫砂罐装云南普洱茶
高 48

"大清乾隆年制"绿釉罐装
"云南普洱茶"
高 48

"大清乾隆年制"兰釉罐装
"云南普洱茶"
高 48

"大清乾隆年制"青花将军罐装
"云南普洱"茶一对
高 115

"大清乾隆年制"青花将军罐装
"云南普洱茶"一对
高 113

"大清乾隆年制"青花莲纹六棱罐装
"云南普洱茶"
高 61

"乾隆年制"粉彩开光罐装
"云南普洱茶"
高61

"大清御膳房"黄釉罐装
普洱茶
高 19

"大清同治年制"粉彩盖罐装
"大清光绪十六年"普洱茶
高 14

"大清同治年制"粉彩盖罐装
"大清光绪十六年"普洱茶
高 14

"大清同治年制"粉彩盖罐装
"大清光绪十六年"普洱茶
高 14

"大清同治年制"粉彩罐装
"大清光绪十六年"普洱茶
高 12.5

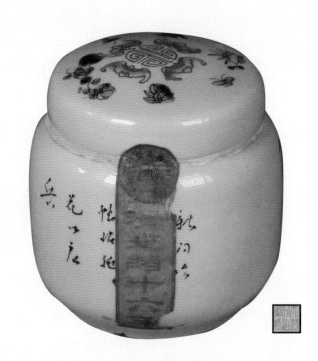

"大清同治年制"粉彩罐装
"大清光绪十六年"普洱茶
高 12.5

"大清同治年制"粉彩罐装
普洱茶
高 12

"大清同治年制"粉彩罐装
普洱茶
高 14.5

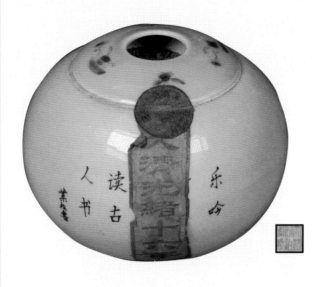

"大清同治年制"粉彩罐装
"大清光绪十六年"普洱茶
高 9.5

"大清同治年制"粉彩罐装
"大清光绪十六年"普洱茶
高 9.5

"大清同治年制"粉彩罐装
"大清光绪十六年"普洱茶
高 9.5

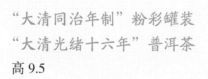

"大清同治年制"粉彩罐装
"大清光绪十六年"普洱茶
高 9.5

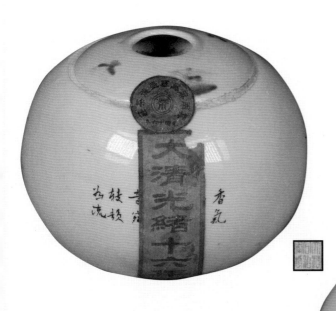

"大清同治年制"粉彩罐装
"大清光绪十六年"普洱茶
高 9.5

"大清同治年制"粉彩罐装
"大清光绪十六年"普洱茶
高 9.5

"大清光绪十六年"青花罐装
普洱茶
高 16.5

"大清光绪十六年"青花罐装
普洱茶
高 16.5

"大清光绪十六年"青花罐装
普洱茶
高 16.5

"大清光绪十六年"青花双喜罐装
普洱茶
高 16.5

青花人物罐装
普洱茶
高 15.5

青花人物罐装
普洱茶
高 15.5

"康熙年制"紫砂罐装
普洱茶
高 16.5

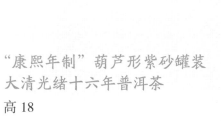

"康熙年制"葫芦形紫砂罐装
大清光绪十六年普洱茶
高 18

"光绪年制" 紫砂罐装
大清光绪十六年普洱茶
高 14

"光绪年制" 紫砂罐装
大清光绪十六年普洱茶
高 15.5

"大清光绪年制" 人物纹紫砂罐装
普洱茶
高 14.5

"大清光绪年制" 双龙纹紫砂罐装
大清光绪十六年普洱茶
高 15.5

"光绪年制"紫砂罐装

大清光绪十六年普洱茶

高 15.5

紫砂罐装

大清光绪十六年普洱茶

高 15.5

六方紫砂罐装

大清光绪十六年普洱茶

高 19

六方紫砂罐装

大清光绪十六年普洱茶

高 19

元宝普洱茶
高 10　长 19

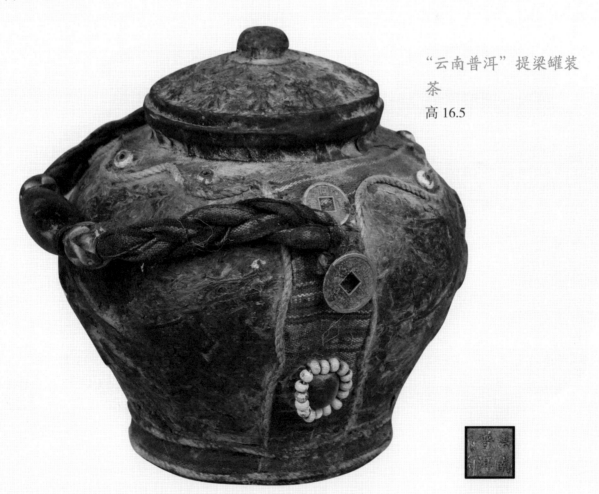

"云南普洱"提梁罐装
茶
高 16.5

黄漆彩绘龙纹木盒装
"瑞供天朝"御用普洱茶
长 30 宽 20 高 12

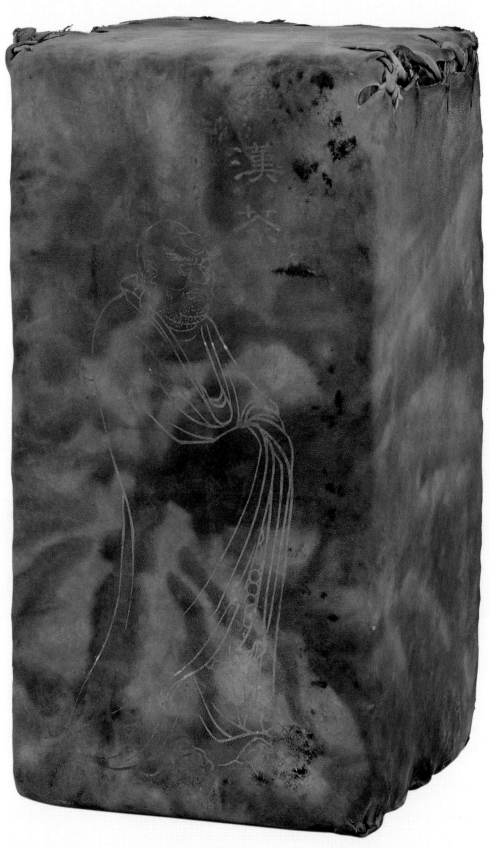

羊皮竹编装

罗汉茶（普洱）

高 35

羊皮包装
罗汉茶（普洱）
高 61

罗汉茶饼（普洱）
直径 19.5

罗汉茶饼（普洱）
直径 19.5

罗汉茶饼（普洱）
直径 19.5

罗汉茶饼（普洱）

直径 19.5

罗汉茶饼（普洱）

直径 19.5

罗汉茶饼（普洱）

直径 19.5

罗汉茶饼（普洱）
直径 19.5

罗汉茶饼（普洱）
直径 19.5

罗汉茶饼（普洱）
直径 19.5

罗汉茶饼（普洱）
直径 19.5

罗汉茶饼（普洱）
直径 19.5

罗汉茶砖（普洱）

长 23

青花凤纹梅瓶装
武夷岩茶
高 52

青花人物纹梅瓶装
武夷岩茶
高 48

青花人物纹梅瓶装
武夷岩茶
高 48

青花人物纹梅瓶装
武夷岩茶
高 58

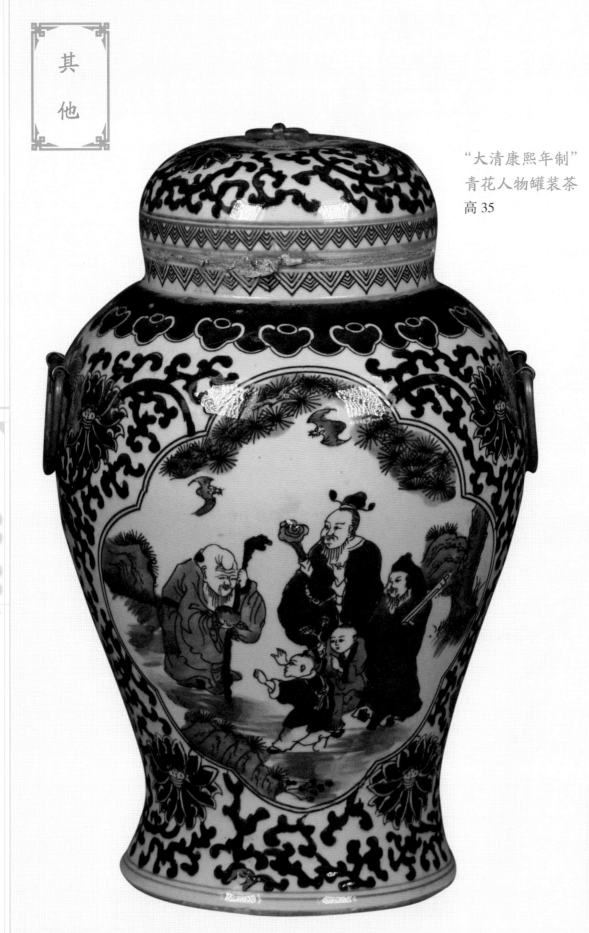

"大清康熙年制"
青花人物罐装茶
高 35

大清康熙年製

"大清康熙年制"
青花釉里红罐装茶
高 12

"大清光绪年制"
青花釉里红罐装茶
高 12

"乾隆年制"
粉彩花鸟纹罐装茶
高 17

"一品堂制"
青花人物纹罐装茶
高 20

"中华民国六年封"
青花罐装茶
高 29

蓝地金彩梅瓶装
清代贡茶一对
高 51

炉钧釉瓷罐茶
高 9

炉钧釉瓷罐茶
高 9

炉钧釉瓷罐茶
高 9

炉钧釉瓷罐茶
高 9

炉钧釉瓷罐茶

高 9

炉钧釉瓷罐茶

高 9

炉钧釉瓷罐茶

高 9

炉钧釉瓷罐茶

高 9

炉钧釉瓷罐茶
高 9

炉钧釉瓷罐茶
高 9

炉钧釉瓷罐茶
高 9

炉钧釉瓷罐茶
高 9

炉钧釉瓷罐茶
高 9

炉钧釉瓷罐茶
高 9

炉钧釉瓷罐茶
高 9

炉钧釉瓷罐茶
高 9

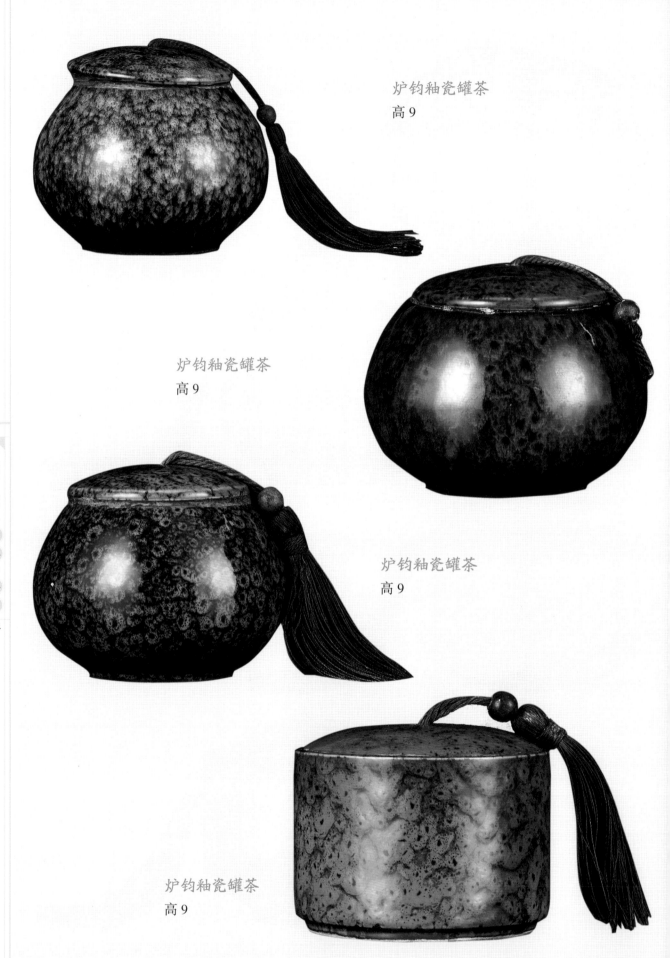

炉钧釉瓷罐茶
高 9

炉钧釉瓷罐茶
高 9

炉钧釉瓷罐茶
高 9

炉钧釉瓷罐茶
高 9

炉钧釉瓷罐茶
高 9

炉钧釉瓷罐茶
高 9

炉钧釉瓷罐茶
高 9

炉钧釉瓷罐茶
高 9

炉钧釉瓷罐茶
高 9

炉钧釉瓷罐茶
高 9

炉钧釉瓷罐茶
高 9

炉钧釉瓷罐茶
高 9

炉钧釉瓷罐茶

高 9

炉钧釉瓷罐茶

高 9

炉钧釉瓷罐茶

高 9

炉钧釉瓷罐茶

高 9

炉钧釉瓷罐茶
高 10

炉钧釉瓷罐茶
高 10

炉钧釉瓷罐茶
高 10

炉钧釉瓷罐茶
高 10

炉钧釉瓷罐茶

高 10

炉钧釉瓷罐茶

高 9

炉钧釉瓷罐茶

高 9

炉钧釉瓷罐茶

高 9

炉钧釉瓷罐茶

高 9

炉钧釉瓷罐茶

高 9

炉钧釉瓷罐茶

高 10

炉钧釉瓷罐茶

高 10

炉钧釉瓷罐茶
高 10

炉钧釉瓷罐茶
高 10

炉钧釉瓷罐茶
高 10

青花梅瓶裝茶
高 58

青花人物纹四方瓶装茶
高 49

青花仕女纹罐装茶

高 15

青花童子纹罐装茶

高 15

青花茶字纹罐装茶

高 15

青花人物纹罐装茶

高 15.5

青花人物纹罐装茶

高 15.5

青花人物纹罐装茶

高 15.5

青花釉里红罐装茶

高 12

青花釉里红罐装茶

高 11

"福寿堂"
光绪十四年白茶饼
直径 40

"隆兴号茶庄"
人参普洱茶饼
直径 35

黄花梨官皮箱装
"常记""大德玉茶庄"民国七年茶
长 49 宽 37 高 50

描金龙纹六边木盒装茶

长 29 宽 29 高 7.5

条编篓装茶

长 55 高 47.5

"文革老茶砖"
长 23 宽 12.5 高 4

纸皮包装
"革命老茶砖"
长 23 宽 13 高 4

"大清乾隆御制"
宫廷御藏陈年老白茶
高 174

"大清乾隆御制"
宫廷御藏陈皮老白茶
高 174

"大清乾隆御制"
宫廷御藏陈皮普洱茶
高 174

"大清乾隆御制"
宫廷御藏陈皮普洱茶
高 185

"大清乾隆御制"
宫廷御藏灵芝普洱茶
高 174

"大清乾隆御制"
宫廷御藏人参普洱茶
高 174

"大清乾隆御制"
宫廷御藏药用老陈皮
高 165

"大清乾隆御制"
官礼茶食陈皮老白茶
高 165

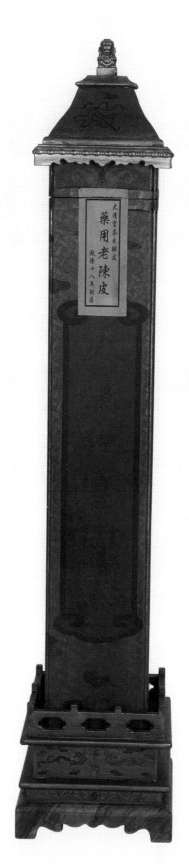

"大清乾隆御制"
药用老陈皮
高 165

"大清乾隆御制"
药用老陈皮
高 165

"大清乾隆御制"
药用老陈皮
高 165

"大清乾隆御制"
药用老陈皮
高 174

"大清乾隆御制"
药用老陈皮
高 177

"大清乾隆御制"
御用贡品陈年老白茶
高 174

"大清乾隆御制"
御用贡品陈皮老白茶
高 174

"大清乾隆御制"
御用贡品陈皮老白茶
高 174

"大清乾隆御制"
御用贡品陈皮普洱茶
高 174

"大清乾隆御制"
御用贡品陈皮普洱茶
高 174

"大清乾隆御制"
御用贡品贡茶大红袍
高 153

"大清乾隆御制"
御用贡品灵芝普洱茶
高 165

"大清乾隆御制"
御用贡品人参普洱茶
高 174

"大清乾隆御制"
御用贡品药用老陈皮
高 152

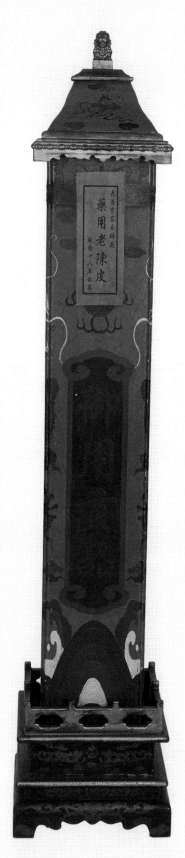

"大清乾隆御制"
御用贡品药用老陈皮
高 165

"大清乾隆御制"
御用贡品药用老陈皮
高 165

貳

二

茶

器

"大明嘉靖年制"
鱼藻纹茶罐
高 32

"大清光绪年制"
青花茶罐
高 12.5

"大清光绪年制"
青花茶罐
高 8

"大清光绪年制"
青花茶罐
高 12

"大清康熙年制"
青花茶罐
高 7.5

"大清康熙年制"
青花茶罐
高 12

"大清康熙年制"
青花茶罐
高 12.5

"大清康熙年制"
青花茶罐
高 13.5

"大清康熙年制"
青花釉里红茶罐
高 8.5

"大清康熙年制"
青花釉里红缠枝纹茶罐
高 13

"大清康熙年制"
青花釉里红海水鱼纹茶罐
高 12

"大清康熙年制"
青花釉里红海水鱼纹茶罐
高 13.5

"大清康熙年制"
青花釉里红海水鱼纹茶罐
高 17

"大清康熙年制"
青花釉里红龙纹茶罐
高 8.5

"大清康熙年制"
青花釉里红龙纹茶罐
高 12.5

"大清康熙年制"
青花釉里红龙纹茶罐
高 13

"大清康熙年制"
青花釉里红龙纹茶罐
高 16.5

"大清康熙年制"
青花釉里红龙纹茶罐
高 17

"大清康熙年制"
青花釉里红龙纹茶罐
高 8.5

"大清雍正年制"
青花茶罐
高 13

"大清雍正年制"
青花茶罐
高 8

"大清雍正年制"
青花茶罐
高 7.5

"大清雍正年制"
青花釉里红茶罐
高 11

"大清雍正年制"
青花釉里红茶罐
高 11

"慎德堂制"
青花釉里红海水鱼纹茶罐
高 11

"慎德堂制"
青花釉里红缠枝莲纹茶罐
高 8

"聚顺美玉堂制"
青花釉里红海水鱼纹茶罐
高 9

"聚顺美玉堂制"
青花釉里红海水鱼纹茶罐
高 9

"聚顺美玉堂制"
青花釉里红缠枝茶罐
高 12

"聚顺美玉堂制"
青花釉里红缠枝莲纹茶罐
高 14

"聚顺美玉堂制"
青花釉里红茶罐
高 8.5

"聚顺美玉堂制"
青花釉里红茶罐
高 9

"若深珍藏"
青花釉里红茶罐
高 8.5

青花缠枝莲纹茶罐
高 8

青花釉里红海水鱼纹茶罐
高 8

褐釉桔瓣形茶罐
高 13.5

褐釉茶罐
高 13

青釉彩绘茶罐

高 6

青釉彩绘茶罐

高 6.5

青釉彩绘茶罐

高 7

青釉彩绘茶罐

高 8.5

淡绿玉茶罐
高 24

金茶罐
高 6

山水纹紫砂茶罐
高 25 直径 24

牡丹纹紫砂茶罐
高 23 直径 21

"陈鸣远"
映日荷花紫砂茶罐
高 27

"陈鸣远"
荷花纹紫砂茶罐
高 28

"陈鸣远"
花开富贵紫砂茶罐
高 25

"陈鸣远"
花开富贵紫砂茶罐
高 25

"陈鸣远"
菊花纹紫砂茶罐
高 25

"陈鸣远"
菊花纹紫砂茶罐
高 25

"陈鸣远"
兰花纹紫砂茶罐
高 25

"陈鸣远"
兰花纹紫砂茶罐
高 27

"陈鸣远"
秋菊傲霜紫砂茶罐
高 30

"陈鸣远"
吉祥如意紫砂茶罐
高 31

"陈鸣远"
竹林熊猫紫砂茶罐
高 25

"陈鸣远"
江山如此多娇紫砂茶罐
高 26

"陈鸣远"
清明上河图紫砂茶罐
高 25

"陈鸣远"
江川万里紫砂茶罐
高 25

"陈鸣远"
螺纹紫砂茶罐
高 24.5

"陈鸣远"
斜纹紫砂茶罐
高 28

"陈鸣远"
私藏紫砂茶罐
高 25

"陈鸣远"
紫砂茶罐
高 24.5

"陈鸣远"
紫砂茶罐
高 25

"陈鸣远"
紫砂茶罐
高 25

"陈鸣远"
紫砂茶罐
高 31

"邵大亨制"
紫砂茶罐
高 25

"邵大亨制"
斜纹紫砂茶罐
高 25

"邵大亨制"
私藏紫砂茶罐
高 25

"邵大亨制"
江山如此多娇紫砂茶罐
高25

"邵大亨制"
清明上河图紫砂茶罐
高25

"时大彬"
紫砂茶罐
高 25

"时大彬"
紫砂茶罐
高 30

"王南林制"
紫砂茶罐
高 25

"王南林制"
紫砂茶罐
高 25

"王南林制"
紫砂茶罐
高 25

"王南林制"
紫砂茶罐
高 25

"王南林制"
荷香紫砂茶罐
高 24.5

"王南林制"
荷花纹紫砂茶罐
高 25

"王南林制"
菊花纹紫砂茶罐
高 24.5

"王南林制"
清明上河图紫砂茶罐
高 25

"杨彭年制"
紫砂茶罐
高 24.5

"杨彭年制"
紫砂茶罐
高 24.5

"杨彭年制"
清明上河图紫砂茶罐
高 25

"杨彭年制"
荷香紫砂茶罐
高 25

"杨彭年制"
菊花纹紫砂茶罐
高 24.5

"杨彭年制"
花鸟纹紫砂茶罐
高 25

汝窑天青釉提梁壶

高 12.5

"崇宁元年皇宋官窑御制"
天青釉扁壶
高 6.5

"崇宁元年皇宋官窑御制"
扁壶
高 5.5

"崇宁元年皇宋官窑御制"
青釉兽纽壶
高 7.5

"崇宁元年皇宋官窑御制"
青釉莲蓬兽纽壶
高 10

"崇宁元年皇宋官窑御制"
龙首壶
高 8

"崇宁元年皇宋官窑御制"
龙首壶
高 8

汝窑天青釉扁壶
高 7.5

汝窑天青釉壶
高 8

汝窑僧帽壶
高 14

"崇宁元年皇宋官窑御制"
青釉兽纽龙首壶
高 9.5

汝窑天青釉桔瓣如意壶
高 8

汝窑豆青釉龙首壶
高 18.5

汝窑瓜瓣执壶
高 18.5

汝窑青釉瓜棱壶
高 21.5

耀州窑刻花执壶
高 18.5

耀州窑执壶
高 20

耀州窑龟形壶
高 13

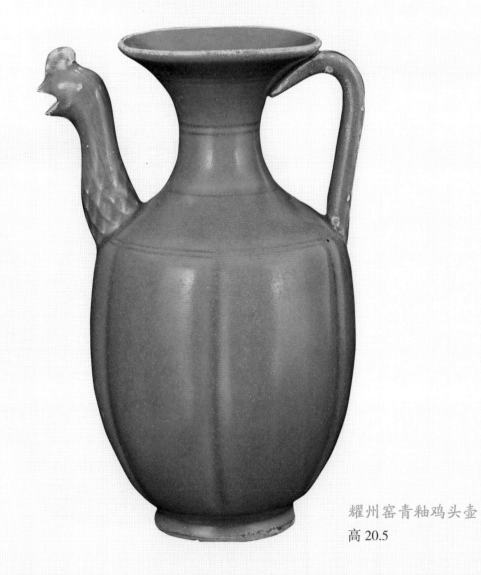

耀州窑青釉鸡头壶
高 20.5

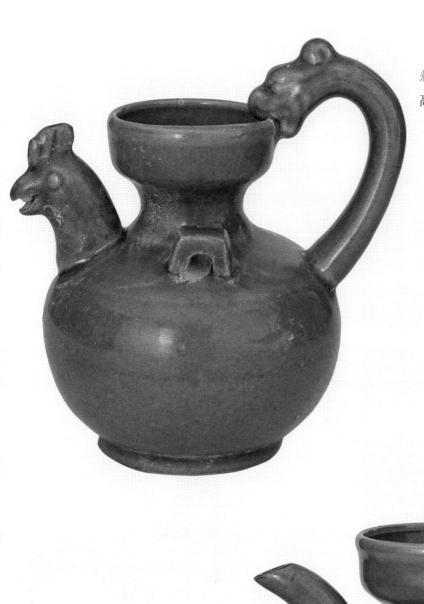

耀州窑龙柄鸡头壶
高 18.5

耀州窑龙柄执壶
高 21

耀州窑鸡首壶
高 20

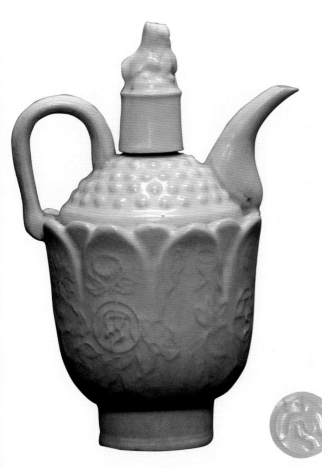

定窑白釉执壶
高 24

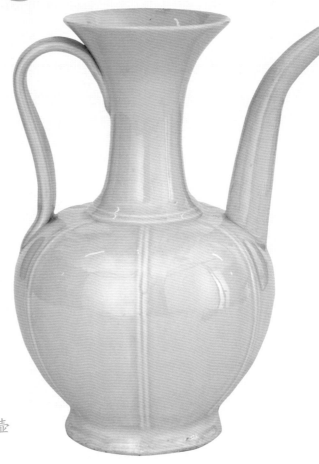

湖田窑影青六棱执壶
高 19

青花凤纹执壶
高 26

"大明宣德年制"
青花执壶
高 28

"官"款
定窑白瓷猴嘴壶
高 20.5

"柴"款
青釉人物纹执壶
高 19

乾隆年制
珐琅彩瓷壶
高 7.5

"乐锦石制"
红釉开片茶壶
高 7.5 宽 13

"青"款
青釉竹节壶
高 9

天青釉半月壶
高 9

磁州窑花卉纹执壶
高 32

磁州窑龙纹短嘴壶

高 33

龙泉窑凤首扁壶
高 49

白玉镶鎏金宝石荷花壶
高 10

水晶竹节壶
高 7

水晶花叶壶
高 6.5

水晶花苞壶
高 7

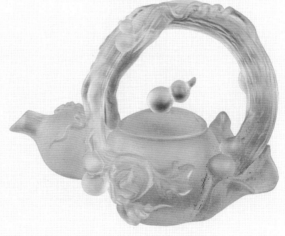

水晶莲花提篮壶
高 6.5 长 10

水晶葫芦提篮
高 7

乾隆御制藏银象形壶
高 13

银八棱壶
高 12.5

仿木纹镶嵌执壶

高 68

竹雕小壶
长 8 高 2.5

"乾隆年制"
竹梅纹犀角壶
高 12

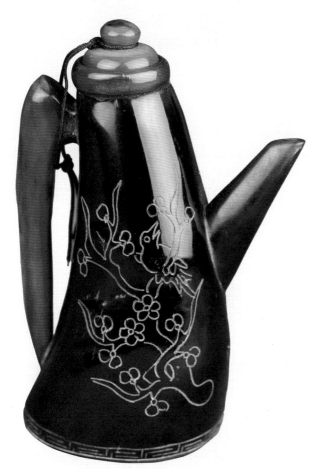

牛角壶
高 14

牛角壶
高 28

犀牛角壶
高 10.5

犀牛角壶
高 10.5

犀牛角梅竹纹茶壶
高 12.5 直径 9

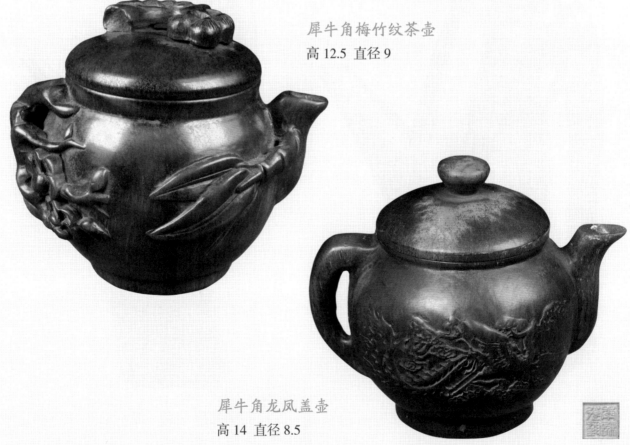

犀牛角龙凤盖壶
高 14 直径 8.5

"顾景舟"
一粒珠紫砂壶
高 10

"顾景舟"
扁珠紫砂壶
高 8

"顾景舟"
上新桥紫砂壶
高 8.5

"顾景舟"
井栏紫砂壶
高 10.5

"顾景舟"
井栏紫砂壶
高 8

"顾景舟"
六方石瓢紫砂壶
高 8

"顾景舟"
兽钮柱础紫砂壶
高 8.5

"顾景舟"
匏尊紫砂壶
高 11

"顾景舟"
匏尊紫砂壶
高 11

"顾景舟"
匏尊紫砂壶
高 12

"顾景舟"
匏尊紫砂壶
高 12.5

"顾景舟"
匏尊紫砂壶
高 12.5

"顾景舟"
半月紫砂壶
高 14

"顾景舟"
半月紫砂壶
高 9.5

"顾景舟"
华颖紫砂壶
高 10

"顾景舟"
合盘紫砂壶
高 10

"顾景舟"
德钟紫砂壶
高 10

"顾景舟"
扁珠紫砂壶
高 8.5

"顾景舟"
扁腹紫砂壶
高 7.8

"顾景舟"
掇球紫砂壶
高 16

"顾景舟"
梨形紫砂壶
高 13.5

"顾景舟"
梨形紫砂壶
高 13.5

"顾景舟"
梨形紫砂壶
高 8.5

"顾景舟"
水平紫砂壶
高 11.5

"顾景舟"
汉钟紫砂壶
高 11.5

"顾景舟"
汉钟紫砂壶
高 12

"顾景舟"
汉铎紫砂壶
高 10.5

"顾景舟"
汉铎紫砂壶
高 12

"顾景舟"
汉铎紫砂壶
高 12

"顾景舟"
汉铎紫砂壶
高 13

"顾景舟"
汉铎紫砂壶
高 15

"顾景舟"
石瓢紫砂壶
高 10

"顾景舟"
石瓢紫砂壶
高 10.5

"顾景舟"
石瓢紫砂壶
高 9

"顾景舟"
秦权紫砂壶
高 14

"顾景舟"
竹段紫砂壶
高 9.5

"顾景舟"
竹鼓紫砂壶
高 12

"顾景舟"
筋纹仿古紫砂壶
高 10.3

"顾景舟"
筋纹紫砂壶
高 12.5

"顾景舟"
紫砂壶
高 13.5

"顾景舟"
线圆紫砂壶
高 7.2

"顾景舟"
莲子紫砂壶
高 13.5

"顾景舟"
菱花紫砂壶
高 12

"顾景舟"
葫芦紫砂壶
高 10.5

"顾景舟"
虚扁紫砂壶
高 9

"顾景舟"
钟式紫砂壶
高 10.5

"顾景舟"
鱼罩紫砂壶
高 11.5

"顾景舟"
鱼罩紫砂壶
高 8

"顾景舟"
鱼罩紫砂壶
高 8

"顾景舟"
龙带紫砂壶
高 10

"顾景舟"
牛钮石扁紫砂壶
高 9

"顾景舟"
一粒珠紫砂壶
高 10

"顾景舟"
一粒珠紫砂壶
高 11

"顾景舟"
紫砂壶
高 11

"顾景舟"
龙纹紫砂壶
高 13

"顾景舟"
东坡提梁壶
高 16

"顾景舟"
井栏紫砂壶
高 6

"顾景舟"
井栏紫砂壶
高 8.5

"顾景舟"
井栏紫砂壶
高 8.5

"顾景舟"
井栏紫砂壶
高 9.5

"顾景舟"
仿古紫砂壶
高 10

"顾景舟"
仿古紫砂壶
高 11

"顾景舟"
仿古紫砂壶
高 7

"顾景舟"
仿古紫砂壶
高 7.5

"顾景舟"
仿古紫砂壶
高 8

"顾景舟"
仿古紫砂壶
高 9

"顾景舟"
仿古紫砂壶
高 9.5

"顾景舟"
仿古紫砂壶
高 9.5

"顾景舟"
佳意紫砂壶
高 11

"顾景舟"
僧帽紫砂壶
高 8

"顾景舟"
八方紫砂壶
高 10.5

"顾景舟"
六方梨形紫砂壶
高 11.8

"顾景舟"
六方紫砂壶
高 11

"顾景舟"
六方紫砂壶
高 13

"顾景舟"
六方紫砂壶
高 13

"顾景舟"
兽钮柱础紫砂壶
高 8

"顾景舟"
兽钮石扁紫砂壶
高 8

"顾景舟"
匏尊紫砂壶
高 10

"顾景舟"
匏尊紫砂壶
高 10.5

"顾景舟"
匏尊紫砂壶
高 11.5

"顾景舟"
匏尊紫砂壶
高 11.8

"顾景舟"
匏尊紫砂壶
高 12

"顾景舟"
匏尊紫砂壶
高 8.5

"顾景舟"
莲子紫砂壶
高 8.5

"顾景舟"
华颖提梁壶
高 17.5

"顾景舟"
华颖紫砂壶
高 9

"顾景舟"
合盘紫砂壶
高 8

"顾景舟"
合盘紫砂壶
高 9.3

"顾景舟"
合菱紫砂壶
高 9.5

"顾景舟"
四方紫砂壶
高 11

"顾景舟"
四方紫砂壶
高 12.5

"顾景舟"
四方紫砂壶
高 13.5

"顾景舟"
如意半月紫砂壶
高 6

"顾景舟"
德钟紫砂壶
高 16

"顾景舟"
德钟紫砂壶
高 9.5

"顾景舟"
扁腹紫砂壶
高 7

"顾景舟"
掇球紫砂壶
高 13

"顾景舟"
提梁壶
高 15

"顾景舟"
提梁壶
高 16

"顾景舟"
提梁壶
高 17

"顾景舟"
提梁壶
高 17

"顾景舟"
提壁提梁壶
高 12

"顾景舟"
文革井栏紫砂壶
高 7

"顾景舟"
文革井栏紫砂壶
高 9

"顾景舟"
文革匏瓜紫砂壶
高10

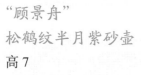
"顾景舟"
松鹤纹半月紫砂壶
高7

"顾景舟"
柱础紫砂壶
高8

"顾景舟"
桶式紫砂壶
高14

"顾景舟"
梨形紫砂壶
高 11

"顾景舟"
水平紫砂壶
高 11

"顾景舟"
水平紫砂壶
高 13

"顾景舟"
水平紫砂壶
高 13

"顾景舟"
汉瓦紫砂壶
高 10

"顾景舟"
汉瓦紫砂壶
高 8

"顾景舟"
汉铎紫砂壶
高 11

"顾景舟"
泥绘紫砂壶
高 10

"顾景舟"
泥绘莲子紫砂壶
高 13

"顾景舟"
洋桶紫砂壶
高 11

"顾景舟"
洋桶紫砂壶
高 11.5

"顾景舟"
洋桶紫砂壶
高 12

"顾景舟"
洋桶紫砂壶
高 14

"顾景舟"
石扁紫砂壶
高 10

"顾景舟"
石瓢提梁壶
高 12

"顾景舟"
石瓢紫砂壶
高 7

"顾景舟"
石瓢紫砂壶
高 8.5

"顾景舟"
石瓢紫砂壶
高 8.5

"顾景舟"
石瓢紫砂壶
高 9

"顾景舟"
秦权紫砂壶
高 12.3

"顾景舟"
竹段紫砂壶
高 10

"顾景舟"
竹段紫砂壶
高 8

"顾景舟"
竹节仿古紫砂壶
高 7.5

"顾景舟"
竹鼓紫砂壶
高 8

"顾景舟"
笑樱提梁壶
高 16

"顾景舟"
笑樱紫砂壶
高 10.5

"顾景舟"
笑樱紫砂壶
高 12

"顾景舟"
笠荫紫砂壶
高 9.5

"顾景舟"
筋纹仿古紫砂壶
高 10.5

"顾景舟"
筋纹柱础紫砂壶
高 11.5

"顾景舟"
筋纹紫砂壶
高 10.6

"顾景舟"
筋纹紫砂壶
高 11

"顾景舟"
筋纹紫砂壶
高 11

"顾景舟"
紫砂壶
高 10

"顾景舟"
紫砂壶
高 10.5

"顾景舟"
紫砂壶
高 11

"顾景舟"
紫砂壶
高 11

"顾景舟"
紫砂壶
高 11.2

"顾景舟"
紫砂壶
高 11.5

"顾景舟"
紫砂壶
高 12

"顾景舟"
紫砂壶
高 12

"顾景舟"
紫砂壶
高 12.5

"顾景舟"
紫砂壶
高 12.8

"顾景舟"
紫砂壶
高 13

"顾景舟"
紫砂壶
高 13

"顾景舟"
紫砂壶
高 13

"顾景舟"
紫砂壶
高 13

"顾景舟"
紫砂壶
高 13.5

"顾景舟"
紫砂壶
高 7

"顾景舟"
紫砂壶
高 9

"顾景舟"
紫砂壶
高 9.8

"顾景舟"
紫砂壶
高 12

"顾景舟"
美人肩紫砂壶
高 12.5

"顾景舟"
莲子紫砂壶
高 11

"顾景舟"
莲子紫砂壶
高 11.5

"顾景舟"
莲子紫砂壶
高 12

"顾景舟"
莲子紫砂壶
高 13

"顾景舟"
莲子紫砂壶
高 13.5

"顾景舟"
菱花半瓜紫砂壶
高 9

"顾景舟"
菱花提梁壶
高 19

"顾景舟"
菱花紫砂壶
高 10

"顾景舟"
菱花紫砂壶
高 11.5

"顾景舟"
菱花紫砂壶
高 13.5

"顾景舟"
菱花紫砂壶
高 14

"顾景舟"
菱花紫砂壶
高 15

"顾景舟"
葫芦提梁壶
高 15.5

"顾景舟"
葫芦提梁壶
高 18

"顾景舟"
葫芦紫砂壶
高 12.3

"顾景舟"
虚扁紫砂壶
高 8

"顾景舟"
虚扁紫砂壶
高 8.5

"顾景舟"
龙旦紫砂壶
高 13.5

"顾景舟制"
八角灯笼紫砂壶
高 14

"顾景舟制"
匏尊紫砂壶
高 11

"顾景舟制"
四方紫砂壶
高 13

"顾景舟制"
四方紫砂壶
高 13.5

"顾景舟制"
柱础紫砂壶
高 9

"顾景舟制"
六方紫砂壶
高 12

"顾景舟制"
半月龙头紫砂壶
高 10

"顾景舟制"
吴经提梁壶
高 14.5

"顾景舟制"
官帽紫砂壶
高 11.5

"顾景舟制"
掇球紫砂壶
高 12.5

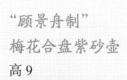

"顾景舟制"
梅花合盘紫砂壶
高 9

"顾景舟制"
梨形紫砂壶
高 11

"顾景舟制"
汉铎紫砂壶
高 12.5

"顾景舟制"
泥绘紫砂壶
高 12

"顾景舟制"
泥绘紫砂壶
高 15

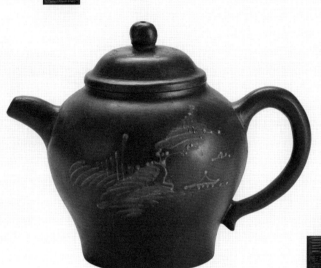

"顾景舟制"
瓜棱笠荫紫砂壶
高 12

"顾景舟制"
石瓢紫砂壶
高 10

"顾景舟制"
竹鼓紫砂壶
高 10.5

"顾景舟制"
笠荫紫砂壶
高 14

"顾景舟制"
笠荫紫砂壶
高 9.6

"顾景舟制"
紫砂壶
高 12.5

"顾景舟制"
钟式紫砂壶
高 12

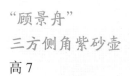

"顾景舟"
三方侧角紫砂壶
高 7

"顾景舟"
四方紫砂壶
高 13

"顾景舟"
泥绘紫砂壶
高 12

"顾景舟"
瓜棱紫砂壶
高 12

"顾景舟"
紫砂壶
高 10.5

"顾景舟"
紫砂壶
高 16

"顾景舟制"
紫砂壶
高 14.5

"陈鸣远"
一粒珠紫砂壶
高 14

"陈鸣远"
井栏紫砂壶
高 9.5

"陈鸣远"
四方提梁壶
高 20

"陈鸣远"
唐羽紫砂壶
高 9

"陈鸣远"
寿桃紫砂壶
高 10

"陈鸣远"
寿桃紫砂壶
高 8

"陈鸣远"
彩绘半月紫砂壶
高 7.5

"陈鸣远"
猕猴侧把紫砂壶
高 9

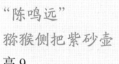

"鸣远"
井栏紫砂壶
高 8.5

"陈鸣远造"
仿古紫砂壶
高 11

"陈鸣远"
龙首提梁壶
高 18

"陈鸣远"
三足鼓钉紫砂壶
高 9.5

"陈鸣远"
寿桃紫砂壶
高 10

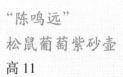

"陈鸣远"
松鼠葡萄紫砂壶
高 11

"鸣远"
朱泥潘壶
高 11

"鸣远"
石榴紫砂壶
高 11

"万明祥制"
莲花紫砂壶
高 14

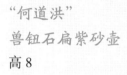

"何道洪"
兽钮石扁紫砂壶
高 8

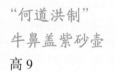

"何道洪制"
牛鼻盖紫砂壶
高 9

"冯桂林制"
莲花紫砂壶
高 8

x

"友兰秘制"
掇球紫砂壶
高 16

"同治御制"
紫砂壶
高 13

"同治御制"
龙头一捆竹紫砂壶
高 9

"吴月亭制"
葫芦紫砂壶
高 7

"吴汉文"
汉铎紫砂壶
高 13

"吴汉文"
合盘紫砂壶
高 9.5

"吴汉文"
钟式紫砂壶
高 11.5

"吴露色制"
佳意紫砂壶
高 10.5

"吴云根制"
井栏紫砂壶
高 10

"吴云根制"
炉鼎紫砂壶
高 11

"周桂珍制"
绿泥西施紫砂壶
高 8

"周桂珍制"
绿泥莲花僧帽壶
高 7

"周向荣制"
秦权紫砂壶
高 12

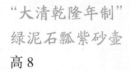

"大清乾隆年制"
绿泥石瓢紫砂壶
高 8

"大清乾隆年制"
绿泥紫砂壶
高 9

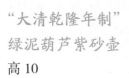

"大清乾隆年制"
绿泥葫芦紫砂壶
高 10

"嘉庆御制"
菱花紫砂壶
高 9.5

"天心道人"
周盘紫砂壶
高 12

"天心道人"
汲直紫砂壶
高 13

"孙红丽制"
井栏紫砂壶
高 5

"少峰"
笑樱紫砂壶
高 14

"张华松制"
井栏紫砂壶
高 6

"张华松制"
合盘紫砂壶
高 8

"张国平制"
竹篓线圆紫砂壶
直径 12

"张荷娣制"
提梁佛手紫砂壶
高 14

"张荷娣制"
提梁壶
高 13.5

"张荷娣制"
梅花提梁壶
高 12

"彭晓波制"
汉瓦紫砂壶
高 8

"志强制壶"
炉鼎紫砂壶
高 9

"徐凤保制"
双喜四方紫砂壶
高 9.5

"徐友泉制"
扁掇球紫砂壶
高 16

"徐建忠制"
柱础紫砂壶
高 9

"徐方怀制"
井栏紫砂壶
高 8

"徐方怀制"
龙旦紫砂壶
高 13

"徐方怀制"
一粒珠紫砂壶
高 8

"徐方怀制"
井栏紫砂壶
高 6

"徐方怀制"
井栏紫砂壶
高 8

"徐方怀制"
半月紫砂壶
高 7

"徐方怀制"
官帽紫砂壶
高 6.5

"徐方怀制"
官帽紫砂壶
高 8

"徐方怀制"
石瓢紫砂壶
高 6.5

"徐方怀制"
紫砂壶
高 6.5

"徐方怀制"
莲花仿古紫砂壶
高 8

"惠孟臣"
菱花紫砂壶
高 14

"惠孟臣制"
柴捆提梁壶
高 14

"时大彬"
立璧双足紫砂壶
高 14

"时大彬制"
上新桥紫砂壶
高 9

"时大彬制"
侧把紫砂壶
高 9

"时大彬制"
官帽紫砂壶
高 10

"时大彬制"
宫灯紫砂壶
高 10.5

"时大彬制"
扁珠紫砂壶
高 7

"时大彬制"
猕猴侧把紫砂壶
高 9

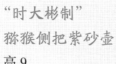

"时朋"
梅花三足紫砂壶
高 10

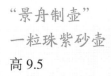

"景舟制壶"
一粒珠紫砂壶
高 9.5

"景舟制壶"
牡丹纹半月紫砂壶
高 8

"曼生记"
莲子紫砂壶
高 12.5

"李怡钢"
莲子紫砂壶
高 13

"李茂林造"
笑樱紫砂壶
高 9

"杨全芳制"
半月紫砂壶
高 9

"杨季初制"
竹鼓紫砂壶
高 11

"杨彭年制"
一粒珠紫砂壶
高 10

"杨彭年制"
扁掇球紫砂壶
高 15

"杨彭年造"
汉铎紫砂壶
高 13

"杨彭年造"
汉瓦紫砂壶
高 11

"杨秉初制"
周盘紫砂壶
高 9

"欧正春制"
仿古紫砂壶
高 12

"欧正春制"
掇球紫砂壶
高 16

"欧正春制"
紫砂壶
高 9

"欧正春制"
菱花紫砂壶
高 13

"汪寅仙"
龙旦紫砂壶
高 12

"汪寅仙制"
竹段紫砂壶
高 10.5

"澹然斋"
菊蕾紫砂壶
高 11.5

"澹然斋"
汲直紫砂壶
高 15

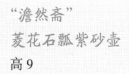

"澹然斋"
菱花石瓢紫砂壶
高 9

"澹然斋"
鸡首元宝紫砂壶
高 10

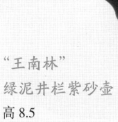

"王南林"
绿泥井栏紫砂壶
高 8.5

"王友兰造"
石扁紫砂壶
高 9.5

"王富川"
提璧提梁壶
高 12

"王石耕"
菱花紫砂壶
高 15

"王连华造"
井栏紫砂壶
高 8

"王寅春"
美人肩紫砂壶
高 15

"王寅春"
梨形紫砂壶
高 12

"王寅春"
牛鼻盖紫砂壶
高 10

"王寅春"
紫砂壶
高 14

"王寅春制"
绿泥八方紫砂壶
高 9

"盛记"
紫砂壶
高 12

"盛记"
雨露天星提梁壶
高 12.5

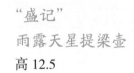

"石招娣制"
官帽紫砂壶
高 8.5

"程寿珍"
绿泥仿古紫砂壶
高 9

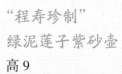

"程寿珍制"
绿泥莲子紫砂壶
高 9

"范杏芳制"
仿古紫砂壶
高 10

"范杏芳制"
仿古紫砂壶
高 11

"范恩常制"
井栏紫砂壶
高 9

"范恩常制"
华颖紫砂壶
高 11

"范恩常制"
菱花紫砂壶
高 11

"自怡轩"
龙首炉鼎紫砂壶
高 10

"荆南山樵"
笑樱紫砂壶
高 12

"荆溪华凤翔制"
四方紫砂壶
高 14

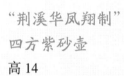

"荆溪华凤翔制"
柱础紫砂壶
高 10

"荆溪华凤翔制"
四方紫砂壶
高 13

"葛明祥制"
四方紫砂壶
高 13.5

"葛明祥制"
四方紫砂壶
高 13.5

"葛明祥制"
四方紫砂壶
高 15

"葛明祥制"
莲花紫砂壶
高 15

"蒋蓉"
扁珠紫砂壶
高 9

"蒋蓉"
鼓式紫砂壶
高 12.5

"蒋蓉"
寿桃紫砂壶
高 8

"蒋蓉"
松鼠葡萄紫砂壶
高 7

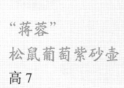

"蒋蓉"
梅花扁珠紫砂壶
高 9

"蒋祥方"
汉铎紫砂壶
高 14

"赵梁"
虚扁紫砂壶
高 12

"赵梁"
钟形紫砂壶
高 13.5

"袁郁龙制"
六方井栏紫砂壶
高 10

"袁郁龙制"
如意炉鼎紫砂壶
高 10

"袁郁龙制"
柱础紫砂壶
高 13

"袁郁龙制"
梨形紫砂壶
高 13.5

"袁郁龙制"
笑樱紫砂壶
高 13.5

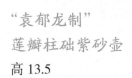

"袁郁龙制"
莲瓣柱础紫砂壶
高 13.5

"袁郁龙制"
如意仿古紫砂壶
高 8

"裴永林制"
四方传炉紫砂壶
高 11.5

"达明监制"
紫砂壶
高 13

"道光御制"
秦权紫砂壶
高 15

"邵旭茂制"
梨形紫砂壶
高 12

"邵旭茂制"
匏尊紫砂壶
高 13

"邵大亨制"
筋纹仿古紫砂壶
高 12

"邵大亨制"
笠荫紫砂壶
高 14

"邵大亨制"
莲子紫砂壶
高 13

"邵大亨制"
葫芦紫砂壶
高 11.5

"邵大亨制"
鼎足紫砂壶
高 12

"邵大亨制"
龙旦紫砂壶
高 13.5

"邵大亨造"
梨形紫砂壶
高 15

"邵大亨造"
福寿纹紫砂壶
高 13

"邵大亨造"
龙把仿古紫砂壶
高 11

"邵文银制"
黄泥寿桃紫砂壶
高 10.5

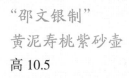

"邵景南制"
井栏紫砂壶
高 7.5

"邵玉亭造"
汉铎紫砂壶
高 11

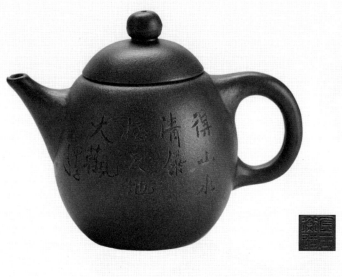

"金本衡"
龙旦紫砂壶
高 14

"金本衡造"
周盘紫砂壶
高 10.5

"金本衡造"
石瓢紫砂壶
高 11

"金本衡造"
筋纹紫砂壶
高 11

"金本衡造"
牛鼻盖紫砂壶
高 10

"金本衡造"
竹段紫砂壶
高 8.5

"金本衡造"
竹节紫砂壶
高 10

"金本衡造"
菱花半瓜紫砂壶
高 8.5

"金本衡造"
菱花紫砂壶
高 13

"金鼎商标"
扁珠紫砂壶
高 8

"金鼎商标"
扁珠紫砂壶
高 8

"陆汉良制"
井栏紫砂壶
高 9

"铁画轩"
兽钮柱础紫砂壶
高 10

"铁画轩制"
周盘紫砂壶
高 10

"铁画轩制"
牛鼻盖弦纹紫砂壶
高 12

"阿曼陀室"
筋纹汲直紫砂壶
高 11

"阿曼陀室"
龙旦紫砂壶
高 14

"阿曼陀室"
虚扁紫砂壶
高 9.5

"陈介溪造"
梨形紫砂壶
高 13

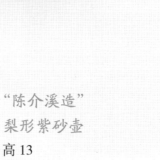

"陈介溪造"
菊蕾紫砂壶
高 10

"陈介溪造"
水平紫砂壶
高 8

"陈介溪造"
筋纹汲直紫砂壶
高 12.5

"陈介溪造"
筋纹紫砂壶
高 12

"陈介溪造"
钟式紫砂壶
高 12.5

"陈光明制"
四方瓜棱紫砂壶
高 10.5

"陈光明制"
扁掇球紫砂壶
高 13

"陈光明制"
炉鼎紫砂壶
高 11

"陈光明制"
菱花紫砂壶
高 10.5

"陈子畦"
牛鼻盖紫砂壶
高 12.5

"陈子畦"
龙旦紫砂壶
高 16

"陈子畦"
一粒珠紫砂壶
高 10

"陈子畦"
匏尊紫砂壶
高 11

"陈国良"
树桩紫砂壶
高 9

"陈文居"
仿古紫砂壶
高 8.5

"陈方怀制"
井栏紫砂壶
高 6

"陈方怀制"
莲花仿古紫砂壶
高 7.5

"陈汉文造"
六方紫砂壶
高 14

"陈汉文造"
牡丹纹僧帽紫砂壶
高 9

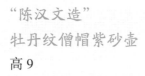

"陈汉文造"
笠荫紫砂壶
高 13

"陈汉文造"
紫砂壶
高 14

"陈曼生制"
水平紫砂壶
高 11

"陈曼生制"
绿泥匏瓜紫砂壶
高 10

"陈正眉制"
汉铎紫砂壶
高 12

"韩杏芳制"
竹鼓紫砂壶
高 10

"雍正御制"
紫砂壶
高 14

"雍正赏壶"
扁腹提梁壶
高 15

"雍正赏壶"
虚扁紫砂壶
高 9

"高连善制"
仿古紫砂壶
高 8

"供春"
树瘿紫砂壶
高 10

"黄丽壁制"
线圆紫砂壶
高 13

"万明祥制"
紫砂壶
高 14.5

"友兰秘制"
紫砂壶
高 11

"吴月亭制"
南瓜紫砂壶
高 9.5

"吴月亭制"
紫砂壶
高 12

"周桂珍"
龙凤紫砂壶
高 10

"天心道人"
紫砂壶
高 14

"张国民制"
粮囤紫砂壶
直径 22

“志强制壶”
炉鼎紫砂壶
高 12

“惠孟臣”
紫砂壶
高 13

“时朋”
紫砂壶
高 12

“时大彬制”
紫砂壶
高 14

"时大彬制"
莲鱼紫砂壶
高 9

"杨彭年造"
紫砂壶
高 10

"澹然斋"
莲花紫砂壶
高 13

"王友兰造"
供春壶
高 12

"蒋蓉"
寿桃倒流紫砂壶
高 12

"袁郁龙"
莲花紫砂壶
高 13

"邵旭茂制"
紫砂壶
高 13

"金本衡造"
紫砂壶
高 13

"钦州北部湾坭兴玉陶出品"
葫芦提梁壶
高 16

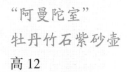

"阿曼陀室"
牡丹竹石紫砂壶
高 12

"阿曼陀室"
紫砂壶
高 9

"陈光明制"
紫砂壶
高 12

"陈光明制"
观音紫砂壶
高 14

"陈子畦"
紫砂壶
高 13

"陈汉文造"
兽纽蝠纹紫砂壶
高 9.5

"雍正赏壶"
炉鼎紫砂壶
高 11

炉鼎紫砂壶
高 13

"中华人民共和国外交部礼品专用"
笑樱紫砂壶
高 9.5

"中华人民共和国外交部礼品专用"
四方传炉紫砂壶
高 9

"中华人民共和国外交部礼品专用"
双流紫砂壶
高 7.5

"中华人民共和国外交部礼品专用"
仿古紫砂壶
高 7

"中华人民共和国外交部礼品专用"
仿古紫砂壶
高 6

"中华人民共和国外交部礼品专用"
一粒珠紫砂壶
高 8

"中华人民共和国外交部礼品专用"
洋桶紫砂壶
高 16

"中华人民共和国外交部礼品专用"
洋桶紫砂壶
高 16

"中华人民共和国外交部礼品专用"
葫芦紫砂壶
高 10

哥窑僧帽壶
高 15

"大明成化年制"
描金彩绘龙纹壶
高 10

"大明成化年制"
描金彩绘龙纹壶
高 10

"大明成化年制"
青花描金僧帽壺
高 12

杯

"大明成化年制"
黄地花鸟纹杯
口径 8

"大明成化年制"
黄地龙纹杯
口径 8

"大明成化年制"
黄地龙纹杯
口径 8.5

"大明成化年御制"
黄地天马纹杯
口径 8

"大明成化年制"
粉地龙纹杯
口径 8.5

"大明成化年制"
粉地凤纹杯
口径 9

"大明成化年制"
粉地鸡缸杯
口径 8.5

"大明成化年制"
粉地花卉杯
口径 9

"大明成化年制"
粉地花卉杯
口径 8.5

"大明成化年制"
粉地花卉杯
口径 9

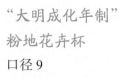

"大明成化年制"
粉地凤纹杯
口径 8

"大明成化年制"
粉地龙纹杯
口径 8

"大明成化年制"
粉地婴戏纹杯
口径 8.5

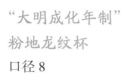

"大明成化年制"
粉地花卉纹杯
口径 8.5

"大明成化年制"
兰地麒麟杯
口径 8.5

"大明成化年制"
兰地鸡缸杯
口径 8.5

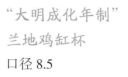

"大明成化年制"
兰釉描金龙纹杯
高 5

"大明成化年制"
兰地龙纹杯
口径 8.5

"大明成化年制"
兰地龙纹杯
口径 8

"大明成化年制"
兰地鸡缸杯
口径 8.5

"大明成化年制"
兰地鸡缸杯
口径 8

"大明成化年制"
兰地瑞兽杯
口径 8.5

"大明成化年制"

鱼藻纹杯

口径 7.5

"大明成化年制"

斗彩立马杯

高 6 口径 7

"大明成化年制"

斗彩桃纹杯

高 6.5 口径 9

"大明成化年制"

斗彩桃纹杯

高 6.5 口径 9

"大明成化年制"

斗彩花卉杯

高 6 口径 9

"大明成化年制"

斗彩菊纹杯

高 3.5 口径 8.5

"大明成化年制"
斗彩葡萄杯
高 6 口径 9

"大明成化年制"
斗彩马纹杯
高 6 口径 9

"大明成化年制"
斗彩马纹杯
高 6 口径 9

"大明成化年制"
斗彩鱼纹杯
高 6.5 口径 9

"大明成化年制"
斗彩瑞兽杯
高 4 口径 8

"大明成化年制"
斗彩龙纹杯
高 4 口径 8

"大明成化年制"
斗彩鸡缸杯一对
高 4 口径 8

"大明成化年制"
斗彩瑞兽杯
高 4 口径 8

"大明成化年制"
斗彩鸡缸斗笠杯
高 4 口径 8.5

"大明成化年制"
斗彩鸡缸杯
高 4 口径 9

"大明成化年制"
斗彩人物纹杯
高 4 口径 9

"大明成化年制"
斗彩鸡缸杯
高 4 口径 9

"大明成化年制"
斗彩凤纹杯
高 4 口径 9

"大明成化年制"
斗彩鸡缸杯
高 4 口径 9

"大明成化年制"
斗彩龙纹杯
高 4 口径 9

"大明成化年制"
斗彩凤纹斗笠杯
高 4.5 口径 10

"大明成化年制"
斗彩龙纹杯
高 5 口径 8.5

"大明成化年制"
斗彩花卉杯
高 5 口径 9

"大明成化年制"
斗彩花卉杯
高 5 口径 9

"大明成化年制"

斗彩花卉杯

高 5 口径 9

"大明成化年制"

斗彩花卉杯

高 6 口径 7

"大明成化年制"

斗彩葡萄杯

高 6 口径 9

"大明成化年制"

斗彩鸡缸杯

高 6 口径 9

"大明成化年制"

斗彩鹤纹杯

高 7.5 口径 9

"大明成化年制"

斗彩花卉杯

高 5

"大明成化年制"
斗彩龙凤纹杯一对
高 8.5 口径 16

"大明成化年制"
青花茶杯
高 5

"大明成化年制"
青花茶杯
高 5

"大明成化年制"
青花茶杯
高 5

"大明成化年制"
青花茶杯
高 5

"大明成化年制"
青花茶杯
高 5

"大明成化年制"
青花茶杯
高 5

"大明成化年制"
鎏金瑞兽杯
口径 8

吉州窑鱼纹斗笠盏
高 8 口径 12.4

"乾隆年制"
珐琅彩福寿杯
口径 9

"乾隆年制"
珐琅彩鱼纹杯
口径 9

"大清康熙年制"
青花缠枝莲纹盖杯
高 8.5 口径 9.5

"大清乾隆年制"
青花盖杯
高 11

青花盖杯
高 9

金盖碗
高 6.8 口径 8.5

"万" 字水晶杯

高 5 口径 9

"万" 字水晶杯

高 5 口径 9

"万" 字水晶杯

高 5 口径 9

描金雕刻水晶杯

高 8

水晶盖杯

高 9 口径 8

和田白玉杯一对
高 4 口径 6

和田白玉杯
高 4.5 口径 7.5

和田玉带托茶盏一对
高 10

和田碧玉盖杯
高 11

汝窑龙把花口带托盏
高 10

钧窑双耳高足杯
高 7

钧窑斗笠盏
口径 14

钧窑荷叶盏
高 4.5

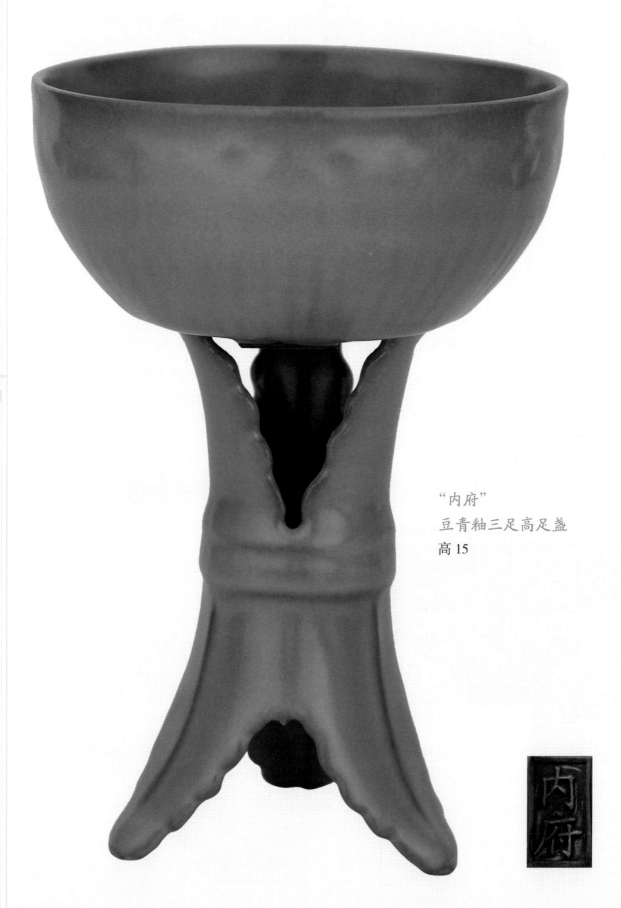

"内府"
豆青釉三足高足盏
高 15

"康熙年制"
螭龙犀角杯
高 45.5

"康熙年制"
螭龙纹犀角杯
高 15.5

"康熙年制"
吉兽犀角杯
高 12

"康熙年制"
松树纹犀角杯
高 15

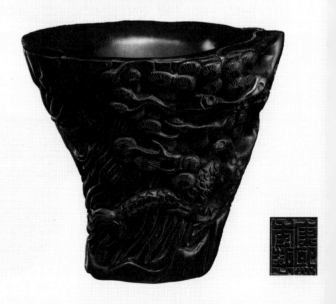

"康熙年制"
葡萄纹犀角杯
高 16

"康熙年制"
松树纹犀角杯
高 15

"康熙年制"
菊花纹犀角杯
高 15

"康熙年制"
螭龙纹犀角杯
高 15.5

"康熙年制"
螭龙纹犀角杯
高 15.5

"雍正年制"
兽首大犀角杯
高 14

"雍正年制"
松枝犀角杯
高 14 口径 15

"雍正年制"
松鼠葡萄纹犀角杯
高 14.5

"雍正年制"
树桩纹犀角杯
高 15.5

"雍正年制"
梅花纹犀角杯
高 16

"雍正年制"
螭龙纹犀角杯
高 14

"雍正年制"
螭龙纹犀角杯
高 15.5

"雍正年制"
螭龙纹犀角杯
高 15.5

"乾隆年制"
人物犀角杯
高 10.5

"乾隆年制"

白菜犀角杯

高 8 直径 11.5

"乾隆"

螭龙纹六边犀角杯

高 9.5

"乾隆年制"

凤纹犀角杯

高 9.5

"乾隆年制"

松梅犀角杯

高 14

"乾隆年制"
白玉兰犀角杯
高 14

"乾隆年制"
荷花犀角杯
高 12 口径 5

"乾隆年制"
蝠纹犀角杯
高 12 直径 7.5

"乾隆年制"
螭龙犀角杯
高 12.5

"乾隆年制"
螭龙犀角杯
高 12.5

"乾隆年制"
螭龙纹大犀角杯
高 14

"乾隆年制"
螭龙纹大犀角杯
高 14

"乾隆年制"
螭龙纹犀角杯
高 10

"乾隆年制"
螭龙纹犀角杯
高 15.5

"乾隆年制"
螭龙纹犀角杯
高 15.5

"乾隆年制"
蟠龙纹犀角杯
高 14.5

"乾隆年制"
雄鸡纹犀角杯
高 15.5

"大明宣德年制"
人物纹犀角杯
高 8　口径 11.5

"大明宣德年制"
螭龙犀角杯
高 11

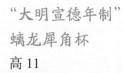

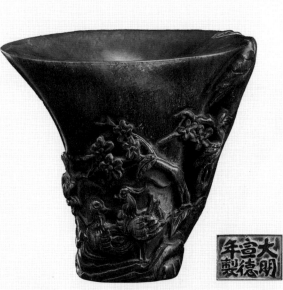

"大明宣德年制"
鸳鸯纹犀角杯
高 12.5

"尤侃"
松竹梅犀角杯
高 12.5

"尤侃"
梅花犀角杯
高 11

"尤侃"
白玉兰犀角杯
高 12

"尤侃"
白玉兰犀角杯
高 11

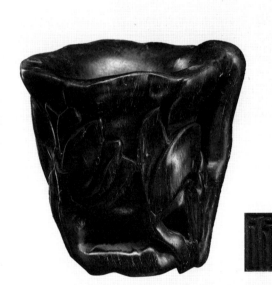

"尤侃"
白玉兰犀角杯
高 12

"尤侃"
白菜灵芝犀角杯
高 12

"尤侃"
螭龙犀牛角杯
高 5 口径 13

"尤侃"
螭龙犀角杯
高 11

"尤侃"
螭龙犀角杯
高 11.5

"尤侃"
螭龙纹犀角杯
高 10

"尤侃"
螭龙纹犀角杯
高 10.5

"尤侃"
螭龙纹犀角杯
高 10

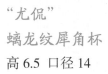

"尤侃"
螭龙纹犀角杯
高 6.5 口径 14

"尤侃"
牛头犀角杯
高 13

"尤侃"
花朵犀角杯
高 13

"玉帝传旨"
凤纹犀角杯
高 13.5 口径 9.7

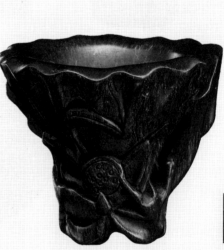

"玉帝传旨"
白玉兰犀角杯
高 12

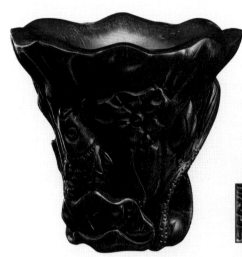

"玉帝传旨"
荷花犀角杯
高 11

"玉帝传旨"
荷花犀角杯
高 11

"玉帝传旨"
荷花犀角杯
高 12.5

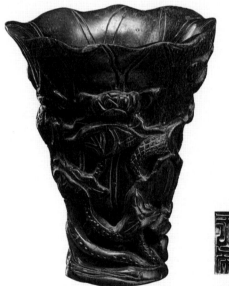

"玉帝传旨"
蝠纹犀角杯
高 12 口径 7.5

"玉帝传旨"
螭龙犀角杯
高 10.5 口径 10

"玉帝传旨"
螭龙犀角杯
高 11

"玉帝传旨"
螭龙犀角杯
高 11 口径 9.5

"玉帝传旨"
螭龙犀角杯
高 14

"玉帝传旨"
螭龙纹犀角杯
高 11.6

"玉帝传旨"
螭龙纹犀角杯
高 11.6

"玉帝传旨"
龙纹犀角杯
高 7 口径 14

"玉帝传旨"
螭龙纹犀角杯
高 6.5 口径 14

"玉帝传旨"
三友犀角杯
高 11.5

"玉帝传旨"
松鹤犀角杯
口径 10.5 高 7

"玉帝传旨"
龙涎犀角杯
高 11

"玉帝传旨"
龙虎犀角杯
高 11

"玉帝传旨"
龙虎犀角杯
高 11

"玉帝传旨"
盘龙纹犀角爵
高 13　口径 10

"玉帝传旨"
螭纹犀角杯
高 13　口径 10

佛手犀角杯
高 13

人物纹犀角杯

高 13

人物纹犀角爵

高 10.5

人物纹犀角爵

高 10.5

夔龙犀角杯

口径 14 高 6.5

梅花犀角杯
高 9.5

梅花犀角杯
高 11

梅花犀角杯
高 11

梅花犀角杯
高 11

梅花犀角杯
高 11

梅花纹犀角杯
高 11.5

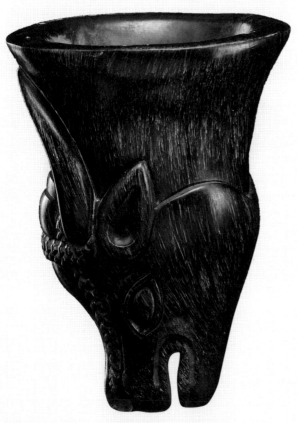

牛首犀角杯
高 13.5 口径 10

犀角爵
高 12

犀角荷花杯
高 11

犀角高足杯

犀角高足杯
高 9.5

独角兽犀角杯
高 11

瑞兽犀角杯
高 11

瓜果犀角杯
高 11.5 口径 10.8

白玉兰犀角杯
高 6 口径 10.5

白玉兰犀角杯
高 12

白玉兰犀角杯

高 10

盘龙犀角杯

高 14 口径 10

纺锤形犀角杯

高 15.5

荷叶犀角杯

高 11

荷花犀角杯
高 10

荷花犀角杯
高 11

荷花犀角杯
高 11.5 口径 10.6

荷花犀角杯
高 12

荷花犀角杯

高 12

荷花犀角杯

高 15

蝠纹犀角杯

高 12 口径 7.5

蝠纹犀角杯

高 11.5

螭龙犀牛角洗
高5 口径13

螭龙犀角杯
高8

螭龙犀角杯
高11

螭龙犀角杯
高11

"子真"螭龙犀角杯
高 13.5

螭龙犀角杯
高 12

螭龙犀角杯
高 15

螭龙犀角杯
高 14.5

螭龙犀角杯
高 8 口径 11

螭龙犀角杯
口径 14.5 高 6.5

螭龙犀角杯
高 7 口径 11

螭龙纹犀角杯
高 12

螭龙纹犀角杯

高 13

螭龙纹犀角杯

高 10.5

螭龙纹犀角杯

高 11

螭龙纹犀角杯

高 11

螭龙纹犀角爵

高 14.5

螭龙纹犀角杯

高 6.5 口径 14

雄鹰犀角杯

高 11.5

高足犀角杯

口径 10.5 高 9

龙虎犀角杯
高 10.5

龙首犀角杯
高 13 口径 12

"子真"
铺首犀角杯
高 11 口径 12

人物纹犀角杯
高 7 口径 12.5

人物纹犀角杯

高 9.5 口径 11.5

松竹纹犀角杯

高 13 口径 13

梅花犀角杯

高 10.5 口径 12

梅花犀角杯

高 11 口径 12

犀角杯
135g 高 5.3

犀角杯
205g 高 8.1 口径 8.1

犀角杯
337g

犀角杯
389g

犀角杯
口径 11.5

犀角杯
453g

犀角杯
高3 口径9

犀角杯
高4.5 口径9.5

羚羊角杯一对
高3 口径5

牛角杯
高5.3

犀角高足杯
65g 高7 口径8.5

高足犀角杯
高 9.5 口径 10.7

高足犀角杯
高 9.5 口径 7

犀角高足杯
175g 高 8 口径 8.5

犀角高足杯
166g 高 7.2 口径 8.4

犀角爵

高 10 口径 7.8

荷花犀角杯

高 14 口径 10

莲纹犀角杯

高 10.5

莲花犀角杯

高 10 口径 12

螭龙纹犀角杯

高 13 口径 10

螭龙纹犀角杯

高 8.5

螭龙纹犀角爵

高 10 口径 13.5

螭龙纹犀角爵

高 10.5 长 8

竹螭纹犀角杯

高 15.5

雕花犀角杯

高 8 口径 12

雕花犀角杯

高 8 口径 9.7

雕龙犀角杯

高 14

犀角盖碗
高 8

龙纹犀角杯
高 6.5 口径 14.5

犀角盖杯
高 9.3 口径 8.5

龙纹犀角杯
高 6.5 口径 14.5

碗

"大明成化年制"
描金狮龙纹高足碗
高 16 口径 22

"宣德年制""吉祥如意"
梅花纹碗
高 5.5 口径 15

"大明成化年制"
斗彩蝠纹斗笠碗
高 6 口径 6.5

"大明成化年制"
斗彩蝠纹碗
高 5.5

"大明成化年制"
斗彩鱼纹碗
高 10 口径 20.5

"大明成化年制"
斗彩龙纹碗
高 11

"大明成化年制"
斗彩婴戏纹碗
高 10 口径 24.5

"大明万历年制"
褐釉碗
高 4　口径 10

"大清雍正年制"
红釉浮雕碗
高 7　口径 15.5

"大清乾隆年制"
青花莲纹碗
高 20　口径 13.5

"大清乾隆年制"
黄釉粉彩碗
高6 口径11

"乾隆年制"
珐琅彩凤纹碗
口径17

"乾隆年制"
珐琅彩龙纹碗
口径17

"大清乾隆年制"
珐琅彩云龙纹碗
高 6 口径 13

"大清乾隆年制"
珐琅彩牡丹纹碗
高 6 口径 13

"大清乾隆年制"
珐琅彩牡丹纹碗
高 6 口径 13

"大清乾隆年制"
珐琅彩牡丹纹碗
高 6 口径 13

"大清乾隆年制"
珐琅彩纹碗
口径 13

"大清乾隆年制"
珐琅彩缠枝纹碗
高 6.5 口径 13

"大清乾隆年制"
珐琅彩缠枝纹碗
高 6.5 口径 13

"大清乾隆年制"
珐琅彩莲花纹碗
高 6.5 口径 13

"大清乾隆年制"
珐琅彩蝠寿纹碗
高 6 口径 13

"大清乾隆年制"
珐琅彩西番莲纹碗
口径 13

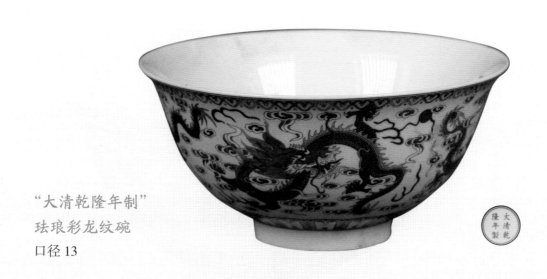

"大清乾隆年制"
珐琅彩龙纹碗
口径 13

"大清乾隆年制"
矾红双龙碗
高 8 口径 16

"大清乾隆年制"
矾红龙纹碗
高 8 口径 16

"大清乾隆年制"
红釉碗
高 4.5 口径 12

"乾隆年制"
珐琅缠枝纹碗
高 6.5 口径 13

"民国陈盛隆制"
黄釉龙纹碗
高 5 口径 15.5

"天恩窑"
青釉碗
高 5 口径 11.5

"天恩窑"
青釉冰裂纹碗
高 5.5 口径 11

"官"款青釉龙凤碗
高 6 口径 12.5

"贡"款桔瓣青釉瓷碗
高 12.5 口径 6

吉州窑斗笠碗
高 8

吉州窑绿釉印花纹碗
高 3.5 口径 10

吉州窑褐红釉花草纹碗
口径 10

吉州窑青釉花草纹碗
口径 10

汝窑天青釉镶金嵌宝石碗
口径 18

耀州窑镂空雕花双层碗
高 6.5 口径 18.3

钧窑碗
高 7.8 口径 18

青白釉刻花斗笠碗
高6 口径18

青白釉刻花斗笠碗
高6 口径18

青花釉里红碗
高13 口径22

定窑白釉刻花纹碗 8 件

高 3.7 口径 14.5

定窑绿釉碗

高 8 口径 26.5

定窑兰釉刻花斗笠碗

口径 25

定窑黑地彩绘斗笠碗
口径 20

定窑绿地婴戏纹斗笠碗
口径 20

定窑红地龙纹斗笠碗
口径 20

定窑兰地凤纹斗笠碗
口径 20

定窑酱釉婴戏斗笠碗
口径 20

定窑兰地婴戏斗笠碗
口径 22

定窑白釉刻花斗笠碗
口径 25

定窑青釉刻花斗笠碗
口径 25

定窑绿釉刻花斗笠碗
口径 25

定窑酱釉彩绘斗笠碗
口径 25

定窑绿地婴戏纹斗笠碗
口径 25

定窑黑地婴戏纹斗笠碗
口径 25

盘

紫檀寿星托盘

长 36 宽 24

紫檀"天官赐福"托盘

长 36　宽 24

紫檀倭角托盘

长 35.5 宽 23.5

紫檀席纹托盘

长 36 宽 23.5

紫檀托盘
长 35 宽 24

紫檀长方托盘
长 34.5 宽 21.5

紫檀福寿纹托盘
长 35.5 宽 23

紫檀竹节托盘
长 35.5 宽 23.5

紫檀荷花托盘

直径 27

紫檀梅花托盘

直径 25

紫檀长方托盘

长 35 宽 22.5 高 3

紫檀龙纹托盘

长 34 宽 23

紫檀茶托盘
长 32.5 宽 18

"吉祥如意"
紫檀倭角长方盘
长 37 宽 21.5 高 3

紫檀竹栏托盘

长 29 宽 19 高 6

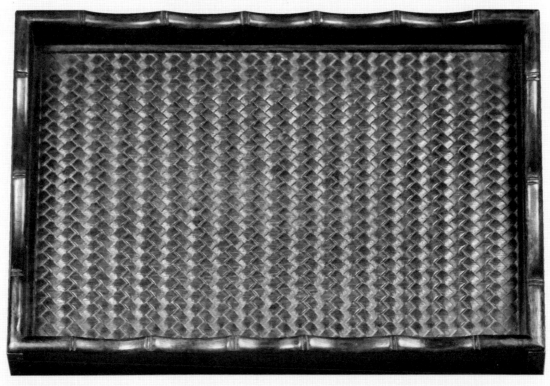

黄花梨席纹托盘

长 34 宽 23

"大明宣德年制"
青花茶海
高 15 口径 26 盖径 35.5

"大明弘治年制"
虎皮釉茶具一套
壶高 11 托盘直径 21

"中南海怀仁堂"
大鸡茶具八件套
壶高 19

"中南海怀仁堂"
国徽茶具八件套
壶高 9.5

"中南海怀仁堂"
荷花翠鸟茶具八件套
壶高 19

"中南海怀仁堂"
梅花纹茶具八件套
壶高 19

"中南海怀仁堂"
牡丹纹茶具八件套
壶高 19

"中南海怀仁堂"
青花牡丹纹茶具八件套
壶高 9.5

"中南海怀仁堂"
青花人物纹茶具八件套
壶高 11

"中南海怀仁堂"
鱼乐纹茶具八件套
壶高 11

金茶具一套
高 20

B19288

费朝奇藏品之 古茶和茶器